Conciencia Cósmica Inmortal

Es lo que todos somos en realidad
pero lo desconocemos.

Conciencia Cósmica Inmortal

Es lo que todos somos en realidad pero lo desconocemos.

Conozca cómo es que la ciencia ha confirmado la existencia de una Conciencia Cósmica gracias a la cual surge todo lo que existe en este universo y es, al mismo tiempo, su creación. Lo anterior ha sido señalado por varias religiones y por la filosofía conocida como **No Dualidad** desde hace muchos años.

Rafael Oropeza y Monterrubio

AQUA EDICIONES

Título de la obra: *Conciencia Cósmica Inmortal*

Derechos Reservados © 2014 Rafael Oropeza y Monterrubio
y Aqua Ediciones, S.A. de C.V.

Primera edición, noviembre de 2014
Cuidado editorial y del diseño del libro: Berta Álvarez Arango
Formación tipográfica: Liliana Moreno Palma
Diseño de portada: Maximiliano Hernández
Comercialización y ventas: Mariel Colmenares Álvarez
www.aquaediciones.com

Ficha bibliográfica:
Oropeza y Monterrubio, Rafael
Conciencia Cósmica Inmortal
96 pág. de 16 x 22 cm
ISBN: 978-607-9316-32-72
Aqua Ediciones, S.A. de C.V.

Registro ante el INDAUTOR 03-2014-062610092400-01
Hecho e impreso en México.
Made and printed in Mexico.

AGRADECIMIENTOS.

A Tony Parsons por su gran entusiasmo en comunicar los principios básicos de la No Dualidad. Gracias a él es que se reconoció lo que le sucedía al autor cuando era niño y finalmente de adulto.

Al Profesor Stephen Hawking quién a pesar de sus problemas de salud ha hecho una gran labor difundiendo, de manera muy simple y divertida, los principios básicos de la Física Cuántica y la Astrofísica. Varios de esos conceptos se explican en esta obra.

A Bob Adamson, conocido conferencista australiano en No Dualidad, gracias al cual es posible unir conceptos filosóficos con la ciencia.

A Nathan Gill por sus libros sobre No Dualidad en los cuales explica lo que en realidad somos todos.

DEDICATORIA

A mi esposa Susana, por su contribución en varios conceptos tratados en esta obra, desde el punto de vista de la Psicología, la cual es su profesión.

A los amables lectores esperando que les sea de utilidad en su vida y la de sus seres queridos, en especial a los que tienen miedo a la muerte.

ÍNDICE:

INTRODUCCIÓN

Esta obra ha sido escrita con el principal objetivo de ayudar a los lectores a reconocer su verdadera identidad la cual siempre se encuentra presente pero que desgraciadamente es opacada por nuestros conceptos dualistas debido al surgimiento del concepto de "Yo" o Ego, el cual es simplemente una proyección del cerebro y se inicia entre los 15 y 20 meses de haber nacido. Cuando este "Yo" deja de ser proyectado por el cerebro todo vuelve a ser lo que siempre ha sido o sea la unidad no dual o Conciencia Cósmica o Universal.

Para lograr comprender lo anterior, de manera conceptual, se toman como base principios de la filosofía denominada No Dualidad y en segundo lugar experimentos de la Física Cuántica, siendo éstos últimos los que reafirman la existencia de una Conciencia Universal gracias a la cual surge éste y muchos otros universos pero de manera virtual, es decir sin una existencia real.

Es indispensable aclarar que comprender lo anterior, de forma conceptual, no es suficiente lo que puede suceder, además de esta comprensión, es una especie de resonancia intuitiva en el lector para producir el "despertar" a su verdadera esencia, como lo señalan varios conferencistas en la filosofía denominada No Dualidad y que muy a menudo sucede durante dichas pláticas o leyendo libros sobre la misma. Una vez que se produce este "despertar" a lo que siempre hemos sido y seremos, automáticamente se pierde el miedo a la muerte y se comprenden las causas de todos los problemas que tiene la humanidad.

A lo largo de la obra seguramente surgirán en los lectores muchas preguntas en relación a los conceptos tratados, es por ello que el último capítulo se dedica a responder las preguntas más comunes que surgen en las pláticas sobre No Dualidad.

Finalmente, sabemos que muchos expertos y conocedores de los temas tratados en esta obra, encontrarán que faltó incluir tal o cual tema, a ellos se les pide su benevolencia y se retoman, para el libro, las sabias palabras del Profesor José Gaos:

"En este trabajo falta todo, menos lo que está".

Rafael Oropeza y Monterrubio.
roropeza07@yahoo.com.mx
roropezam@ipn.mx

Sobre del autor

Aún y cuando lo que se concluye en esta obra es que todo lo existente en el universo son simples estructuras temporales de energía, incluyendo a los seres humanos, algunas de las personas que revisaron el manuscrito de este libro sugirieron que se incluyera un pequeño capítulo sobre el autor lo cual se hace a continuación.

Nací en la ciudad de México en los años cuarenta y desde muy pequeño hasta aproximadamente los 14 años tenía lapsos de percepción en los cuales todo desaparecía y al mismo tiempo si observaba un árbol yo era dicho árbol, lo mismo sucedía con una montaña, una mesa, un perro, etc., lo cual duraba unos cuantos segundos y me daba cuenta de ello hasta que reaccionaba y pensaba ¿qué fue eso, todo desapareció y al mismo tiempo todo era una sola cosa? En una ocasión se lo comenté a mi madre y ella me dijo que no sabía que era lo que me sucedía pero que si continuaba me llevaría con un médico. Por supuesto que eso siguió sucediendo pero ya no se lo dije a mi madre debido a que como niño pequeño les tenía miedo a los médicos. A medida que crecía esos eventos continuaron pero con menos frecuencia hasta que después de los 14 años ya no se produjeron, sin embargo siempre tuve la duda de lo que viví.

Gracias al apoyo de mis padres me fue posible concluir estudios universitarios y obtener el título de Ingeniero Químico Industrial en el Instituto Politécnico Nacional. Durante 4 años trabajé en una industria y al término de ese periodo tome un diplomado, en Holanda, sobre Aseguramiento de la Calidad de bienes y servicios. Al terminar tales estudios surgió la idea de ir a Inglaterra para asistir a una de las pláticas de Tony Parsons, al cual conocí por sus libros sobre No Dualidad. Afortunadamente pude asistir a una de sus pláticas durante la cual explicó lo que le sucedió al caminar solo en un parque. Nos dijo que repentinamente su sentido de ser Tony Parsons desapareció y solamente quedo una estructura biológica caminando sin el sentido de "Yo" y que la percepción de dicha estructura era todo y nada al mismo tiempo. Cuando explicó esto, dentro de mí y de manera intuitiva no conceptual, automáticamente recordé que eso mismo me sucedía a menudo cuando era niño y adolescente y como Tony lo indicó es algo inexplicable con palabras. Más adelante, en la plática, una persona del público señaló que a él le sucedió algo similar al estar bañándose, su "Yo" desapareció y momentáneamente el agua, la regadera, las paredes del baño, etc. era una misma cosa y al mismo tiempo no existía nada absolutamente. Ese comentario definitivamente confirmó lo que me sucedía cuando era niño y adolescente pero no lo comprendía.

Tony explicó que esos momentos en los cuales desaparece el concepto de "Yo" son visiones momentáneas de lo que es la conciencia impersonal y no conceptual que todos tenemos cuando somos bebés de entre 15 y 20 meses de nacidos pero que al surgir el "Yo" éste la opaca más y más al crecer la persona, sin embargo dicha conciencia siempre está presente ya que en ella es donde aparece ese "Yo". Tony también señaló que en algunas personas, como en su caso, hay momentos en los cuales el Ego desaparece, primero momentáneamente y después de manera definitiva y es cuando se vuelve a percibir al mundo como sucedía cuando se era bebé. Tony lo llama "Despertar a la verdadera realidad" o en algunas tradiciones orientales se denomina "iluminación", aunque este concepto es erróneo según Tony, lo cual se tratará más adelante en esta obra.

Para mi esa plática fue muy importante ya que me hizo comprender lo que siempre había querido saber sobre mis experiencias de niño pero que nadie me había podido explicar.

A mi regreso a México obtuve un empleo como docente en el Instituto Politécnico Nacional. Al paso del tiempo se me otorgó una beca para llevar a cabo estudios de postgrado en una universidad de Australia. Durante el tiempo que permanecí en ese hermoso país asistí a una plática de Bob Adamson, conocido divulgador de la No Dualidad. Fue en ella donde entendí otra cosa muy importante sobre el origen de todo lo que existe en el universo, incluyendo a los seres humanos. Según el conferencista, todo lo que existe no es otra cosa que "Energía Inteligente" que es auto consciente y gracias a ella surge el universo y la vida sobre la tierra, además todo ese conjunto es ella misma.

Al término de mis estudios de postgrado regresé a México para seguir con mi empleo de docente. Durante unas vacaciones en Puerto Vallarta, al contemplar un atardecer a la orilla del mar, empecé a sentir una expansión de la energía del cuerpo. Mi Ego o concepto de "Yo" estaba presente por lo cual pude conceptuar lo que estaba sucediendo durante un tiempo aproximado de 5 segundos al final de los cuales el "Yo" desapareció y todo era una misma cosa, el sol, el mar, las nubes, etc., y el espacio no existía, todo se veía como en una tarjeta postal y al mismo tiempo todo era oscuridad absoluta y lo más sorprendente, el observador tampoco existía. Esto duró aproximadamente 4 minutos al final de los cuales surgió de nuevo el Ego y dijo "¿Qué fue eso, era todo y nada al mismo tiempo?". En ese momento recordé que eso era lo que me sucedía de niño. Actualmente estos eventos se repiten con mucha frecuencia por ejemplo conduciendo solo un automóvil, nadando, contemplando una montaña, caminando en el bosque, etc. y su duración es mucho mayor sin embargo el "Yo" siempre retorna para poder interactuar con otras personas, impartir clases, hacer compras en el supermercado, etc.

Mi formación científica siempre ha buscado una explicación a todo lo anterior desde el punto de vista de la ciencia y gracias al concepto de Bob Adamson de que todo es energía, he consultado libros básicos y artículos sobre Física Quántica, además Tony Parsons, en una reciente entrevista en Alemania, menciona que de acuerdo a experimentos en esa rama de la ciencia se ha descubierto que las partículas subatómicas existen y no existen al mismo tiempo. Esto que parece imposible ya está probado mediante el conocido experimento llamado de la *"Doble Ranura"*, el cual se tratará en detalle en el capítulo 6.

Durante los últimos 4 años he buscado libros, en nuestro idioma, que unifiquen los conceptos de la No Dualidad con la ciencia, en especial la Física Quántica, pero no los he encontrado por esa razón es que decidí escribir esta obra que espero les sea de utilidad a los amables lectores aún sabiendo que muchos de los conceptos tratados no serán de su agrado en especial el sentido de "Yo" o Ego que no es otra cosa que un pensamiento generado por las neuronas del cerebro, similar a cualquier otro pensamiento y por lo tanto no tiene existencia real. En el capítulo 3 se explica esto en detalle.

Por otra parte, la obra se escribe esperando que ayude a los lectores que han tenido pequeños lapsos en que desaparece su "Yo", en especial cuando eran niños y no han podido explicarlo a la fecha. Para mí hubiera sido de mucha utilidad haber leído un libro como éste cuando era joven y así poder comprender lo que me sucedía de niño.

No Dualidad

Debido a que en el libro se citan a varios conferencistas y/o autores sobre la No Dualidad y se presentan conceptos de la misma es necesario explicar a qué se refiere dicha filosofía.

La No Dualidad en el Oriente, principalmente en la India y en China, se le considera una religión la cual es la base de otras religiones como el Budismo, Brahmanismo, Zen, etc., e inclusive en el Cristianismo se emplean algunos de sus conceptos. El Taoísmo, en China, también aplica conceptos no duales y uno de sus símbolos es el conocido Yin y Yang.

No Dualidad es la traducción al idioma español del término "Advaita Vedanta" cuyo fundador fue el monje Adi Shankara, de la India, en el siglo octavo.

En Occidente la No Dualidad se le considera más bien una filosofía que señala la unión de todas las cosas que los seres humanos consideramos separadas o duales como: día-noche, bueno-malo, alto-bajo, amor-odio, grande-pequeño, ser-no ser, vida-muerte, etc. En la No Dualidad estos conceptos existen y no existen al mismo tiempo.

En el siglo XX esta filosofía cobró fuerza y se difundió a muchas naciones, en especial de Europa, Estados Unidos de América y Australia gracias a las pláticas y los libros de Sri Nisargadatta Maharaj, quién es el autor del libro "YO SOY ESO", el cual ha sido traducido a varios idiomas incluyendo el español. Otros conferencistas de esta filosofía, muy conocidos durante el tiempo en el que vivieron fueron Ramana Maharshi y Ramesh Balsekar, éste último difundió ampliamente los conceptos de la No Dualidad en Occidente debido a que hablaba inglés perfectamente, inclusive se tienen videos de él en Youtube. Los tres personajes fueron ciudadanos de la India.

Actualmente, en Occidente ya hay muchos conferencistas y/o autores sobre esta filosofía entre los cuales destacan los siguientes: Tony Parsons, Nathan Gill, Bob Adamson, Wayne Liquorman, Unmani (Liza Hyde), John Wheeler, etc. Desgraciadamente, en las naciones dónde hablamos el idioma español se conocen muy pocos divulgadores de la No Dualidad, ésta fue una de las principales razones para escribir este libro.

Según la No Dualidad, todo lo que existe en el universo es y no es al mismo tiempo pero nosotros como seres humanos lo vemos como existente debido a la separación que surge cuando el concepto de "Yo" o Ego es generado por nuestro cerebro, entre los 15 y 20 meses de haber nacido.

Lo interesante de esta filosofía es que la ciencia, en especial la Física Cuántica, está demostrando que varios de sus conceptos son reales y pueden ser probados con resultados increíbles que seguramente sorprenderán al amable lector.

La conclusión sobre la No Dualidad es que sus principios pueden llevarnos a conocer nuestra verdadera identidad que no es otra cosa que una Conciencia Cósmica o Energía

Inteligente, gracias a la cual surge todo lo que existe en este universo incluyendo a los seres humanos.

Ejemplos de No Dualidad en el Cristianismo.

a).- "Yo y el Padre somos una sola cosa" (Juan 10:30). Expresión de Jesús. La cual, interpretada de una forma más moderna, sería que el Padre es la Conciencia Cósmica que origina todo lo existente en éste y millones de otros universos.

b).- "El Padre está en mí y yo estoy en el Padre" (Juan 10:38). Otra frase de Jesús. Lo cual significa que la Conciencia Cósmica está en cada uno de nosotros y al mismo tiempo nosotros somos parte de esa conciencia.

c).- "Ya no vivo yo, es Cristo quien vive en mí". Epístola de San Pablo cuando descubrió su verdadera realidad. (Gálatas 2:20). En éste ejemplo, cuando San Pablo se liberó de su Ego descubrió, de manera impersonal, su verdadera realidad que es la Conciencia Cósmica.

En el Brahmanismo se dice que todo el universo, incluyendo a los seres humanos, está siendo soñado por su dios Brahmán por lo cual todo es ese dios sin dualidad y que ya sea en la supuesta "iluminación" de las personas o cuando mueren regresan, aparentemente, a su verdadera identidad.

Aclaración, en el Hinduismo hay dos dioses cuyos nombres son muy parecidos y ellos son: Brahma, quién es uno de los tres dioses de dicha religión y Brahmán, que es el dios principal, el cual es quién proyecta todo lo que existe en el universo al dormir y soñarlo. Este dios es la divinidad absoluta en el Hinduismo.

Ejemplos como los anteriores existen en casi todas las religiones, aquí solamente se incluyeron dos de las más conocidas.

Surgimiento del concepto de "Yo" o Ego

Para comprender la forma en que los seres humanos percibimos nuestro entorno es indispensable entender las dos maneras en que contemplamos el mundo de acuerdo a nuestra edad. Cuando somos bebés recién nacidos y hasta los 15 o 20 meses, en promedio, vemos todo lo que nos rodea de manera impersonal y no conceptual o sea no dualista. Impersonal significa que el concepto de "Yo" no lo ha formado todavía el cerebro. No conceptual quiere decir sin conceptos debido a que todavía no entendemos las palabras que son conceptos, por ejemplo, vemos a nuestra madre pero no sabemos que es "mi madre", lo mismo sucede con el padre, una silla, un árbol, etc. No dualista significa que no hay separación, todo es la unidad incluyéndonos a nosotros mismos.

A medida que pasa el tiempo, el bebé crece y sus padres empiezan a decirle: "Tú eres Juan o María", "Yo soy tu padre o madre", "Eso es una silla", "Ese es un árbol", etc. Con esta información las neuronas del cerebro del bebé empiezan a formar el concepto "Yo soy este cuerpo", "Mi nombre es Juan o María", etc. Este "Yo" es solamente un pensamiento más sin existencia real el cual es formado por las neuronas pero que físicamente no existe materialmente como el propio cerebro o el corazón, el estómago, etc. Este "Yo" desaparece en todos nosotros en el sueño profundo o cuando en la vida cotidiana las neuronas dejan de proyectarlo como sucede con las personas llamadas erróneamente "iluminadas" como se explicará más adelante.

Leo Hartong, un conferencista sobre No Dualidad muy conocido en Europa, señala que este "Yo" o Ego puede definirse de varias formas[1]:

1.- Nuestra aparente identidad.

2.- Sentimiento de superioridad en comparación con otras personas.

3.- Auto imagen.

4.- Un personaje interno que toma decisiones y por lo tanto tiene el llamado "libre albedrío". Se entiende por "libre albedrío" la libertad que cree tener el "Yo" o Ego de cada persona para tomar decisiones cuando se ve ante varias alternativas sin embargo varios neurocientíficos ya han probado que en realidad el "libre albedrío" no existe lo cual se explica a continuación.

Este "Yo" es el que produce que veamos al mundo de forma dualista como "bueno, malo", "blanco, negro", "día, noche", etc. y es la causa tanto de nuestro estado de felicidad como de sufrimiento.

Este Ego asume que tiene libre albedrío lo cual significa libertad para tomar toda clase de decisiones cuando enfrenta varias alternativas, sin embargo varios neurocientíficos han comprobado, desde hace aproximadamente 11 años, que cuando una persona se ve enfrentada a varias alternativas las neuronas de su cerebro toman una decisión y medio segundo más tarde el "Yo", que es generado por dichas neuronas, cree haber tomado tal decisión.[2,3,4,5]

Un ejemplo muy elemental es el siguiente. A una persona se le ofrece una taza de café y una de té, inmediatamente las neuronas de su cerebro toman la decisión correspondiente en función de sus experiencias pasadas con el sabor del café y del té y medio segundo después otras neuronas generan el concepto de "Yo" y este Ego cree haber tomado tal decisión[4].

Es muy difícil, por no decir imposible, que el Ego de una persona entienda que en realidad no existe y que solamente es un pensamiento generado por las neuronas del cerebro de ese cuerpo como cualquier otro pensamiento sin existencia real. Por ejemplo, se le pide al lector que imagine un platillo de comida de su preferencia, este platillo ¿realmente existe?, por supuesto que no, es solamente una imagen generada por las neuronas de su cerebro, lo mismo sucede con el concepto de "Yo", no tiene existencia real.

El saber que los seres humanos en realidad no tenemos libre albedrío es algo muy novedoso y preocupante ya que ello significa que un criminal que asesinó a una persona lo hizo sin voluntad propia y por lo tanto no debería ser castigado. En el lado opuesto de este ejemplo recordemos a la Madre Teresa de Calcuta que dedicó la mayor parte de su vida a ayudar a enfermos y personas extremadamente pobres en la India.

Algunos científicos señalan que el comportamiento bueno o malo de cualquier persona tiene como base dos aspectos:

a).- La información genética de su cuerpo.

b).- Las situaciones y condiciones que enfrenta a lo largo de toda su vida.

Lo anterior quiere decir que cualquier persona con una información genética parecida, por supuesto no igual, a la Madre Teresa de Calcuta y que hubiera estado expuesta a situaciones y condiciones similares a ella también hubiera dedicado su vida a ayudar enfermos y personas extremadamente pobres en cualquier lugar del mundo.

Esto se aplica a cualquier persona ya sean delincuentes, políticos corruptos, científicos de alto nivel, personas bondadosas, etc., todos ellos no tienen otra opción que ser lo que son.

Para demostrar que el Ego no es nuestra verdadera realidad se le pide al lector que responda a estas dos preguntas:

1.- ¿Su esencia o naturaleza pura es su cuerpo?

2.- ¿Esta esencia se encuentra dentro del cuerpo?

La respuesta a la primera pregunta seguramente fue NO ya que decimos a menudo, "éste es mi cuerpo" lo cual significa que hay un objeto que es el cuerpo y un sujeto que percibe tal cuerpo.

La respuesta a la segunda pregunta es un poco más complicada ya que pensamos que estamos dentro del cuerpo, sin embargo esta conciencia que percibe al cuerpo puede expandirse fuera de él en las personas en las que desaparece el Ego y que erróneamente se les llama "iluminadas".

En resumen, nuestra esencia pura no es el cuerpo, es la Conciencia Cósmica o Energía Inteligente que durante un tiempo, con el surgimiento del concepto "Yo", se contrae en el cuerpo y puede regresar a su origen en tres formas:

a).- En el sueño profundo.

b).- Cuando en estado de vigilia simplemente desaparece ese "Yo" como está sucediendo en muchas personas a lo largo de todo el planeta.

c).- En lo que se llama "muerte", que más adelante se explicará no es más que una transformación estructural y energética.

Es conveniente entender las tres formas que tiene el ser humano de percibir su entorno y reaccionar a esas percepciones a medida que crece y se desarrolla. Según el conocido Psicoanalista Sigmund Freud, existen tres niveles de percepción a los cuales él definió de la siguiente forma:

a).- "Ello". Es la percepción impersonal no conceptual que tienen los bebés desde que nacen hasta aproximadamente los 20 meses. La función del Ello es satisfacer las necesidades básicas del cuerpo como son: hambre, sed, sueño, frío, calor, etc., sin considerar las consecuencias que eso pueda producir dado que el concepto de "Yo" todavía no es generado por las neuronas de su cerebro.

b).- "Yo" o Ego. A medida que el bebé se desarrolla y debido a la influencia de sus padres y otros familiares, las neuronas de su cerebro forman el concepto de "Yo", como ya se explicó con anterioridad. Una vez que este Ego surge y se refuerza a medida que transcurre el tiempo, todas las acciones del ahora niño, son tomadas desde el punto de vista de dicho Ego por ejemplo, "Yo debo comer", "Yo debo tomar agua", "Yo debo dormir", etc.

c).- "Superyó". Este último concepto, según Freud, es una especie de juez o "conciencia moral" que analiza las acciones de la persona en cuestión de "buena", "regular o "mala" con objeto de autoevaluarlas y por lo tanto aprobarlas o reprobarlas. El Superyó es la última proyección de las neuronas del cerebro de la persona a medida que crece y se desarrolla y por lo tanto es altamente influenciado por el entorno en que se desarrolle dicha persona. El Superyó será muy distinto en un niño o joven que viva en alguna selva africana que otro, de la misma edad, viviendo en una nación altamente desarrollada.

Antes de terminar el presente capítulo es necesario describir la forma en la que el cerebro genera el concepto de "Yo" en sus neuronas para lo cual es conveniente comprender como funcionan éstas.

En el cerebro humano hay, en promedio, 100,000,000,000 neuronas las cuales tienen la estructura que se presenta en la figura 3.1.

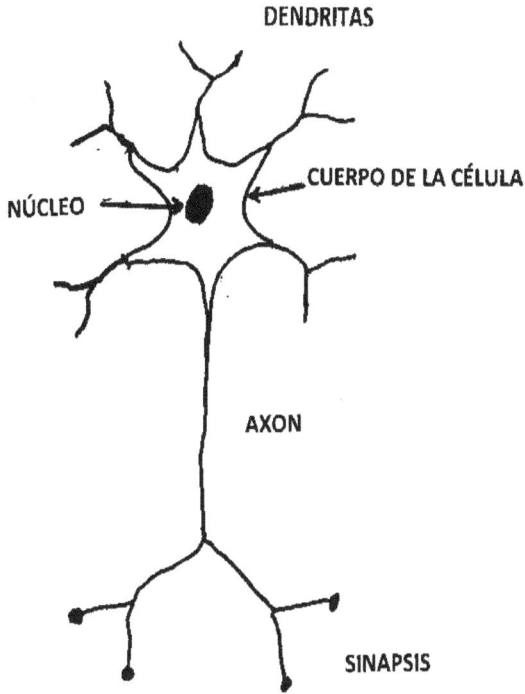

Figura 3.1. Estructura de una neurona.

La conexión entre una neurona y otra se lleva a cabo mediante señales eléctricas y sustancias químicas denominadas Neurotransmisores es decir que las neuronas no interactúan entre ellas mediante un contacto físico directo. En la figura 3.2 se presenta la forma en que una neurona envía información a otra.

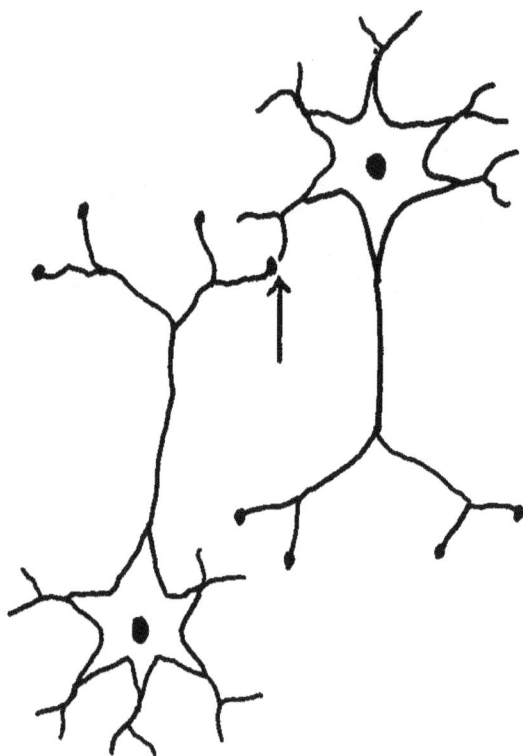

Figura 3.2. La flecha señala el lugar en donde una neurona
envía información a otra.

En la figura 3.3 se puede apreciar, con más detalle, la manera en la cual los impulsos eléctricos de la neurona que envía la información hacen que se produzcan, momentáneamente, neurotransmisores químicos que llevan tal información a la neurona receptora la cual transforma dicha información en impulsos eléctricos.

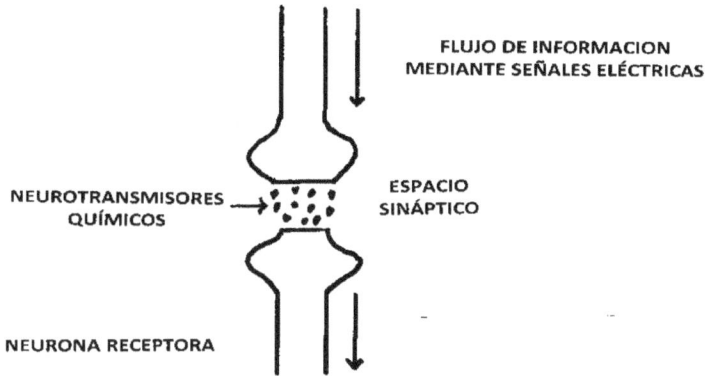

Figura 3.3. Forma mediante la cual una neurona envía
información a otra.

Una vez que dejan de llegar neurotransmisores a la neurona receptora los impulsos eléctricos que ella generaba desaparecen.

Un ejemplo muy sencillo para comprender lo anterior es el siguiente. Se le pide al amable lector que cierre los ojos e imagine una mariposa sobre una flor. En base a sus experiencias pasadas con flores y mariposas, las neuronas de su cerebro empiezan a generar impulsos eléctricos y neurotransmisores para con ellos formar la imagen virtual de una flor y una mariposa. En dicho proceso participan miles de neuronas. Mientras el lector lo permita, dichas imágenes permanecerán siendo proyectadas por las neuronas de su cerebro pero si durante el experimento alguna persona le habla, las neuronas involucradas en generar a la mariposa y la flor dejan de hacerlo y las

29

imágenes desaparecen ya que el cerebro tiene ahora otra tarea que es responder al llamado de la persona.

Con este simple experimento se demuestra que la mariposa y la flor nunca existieron en realidad ya que fueron proyecciones virtuales de las neuronas del cerebro de la persona. Lo mismo sucede con el concepto de "Yo" o Ego. Cuando un bebé nace y hasta los 20 meses de edad, en promedio, sus neuronas todavía no han generado tal concepto pero a medida que sus padres y otros familiares le dicen constantemente que él es una persona con un nombre específico, algunas de las neuronas de su cerebro inician el proceso de formar el concepto de "Yo" y a medida que pasa el tiempo tal concepto se reafirma de tal manera que el ahora niño lo considera como algo que existe realmente como cualquier otro órgano de su cuerpo, lo cual es incorrecto.

Como ya fue señalado con anterioridad, el Ego no está siendo proyectado por las neuronas todo el tiempo, cuando una persona lleva a cabo actividades rutinarias que no requieran concentración del "Yo", como es conducir un automóvil, caminar solo en algún lugar, nadar, etc., la proyección desaparece dado que no es necesaria para la actividad de que se trate.

Con esta simple descripción del funcionamiento neuronal y la formación de ideas es muy fácil comprender que el Ego de las personas no es más que una proyección virtual de las neuronas de su cerebro y automáticamente se llega también a la conclusión de que el libre albedrío en realidad tampoco existe.

La eterna búsqueda de la felicidad

A partir de que surge el concepto de "Yo" en los seres humanos se inicia la búsqueda de la felicidad sobre todo por la influencia de los padres, en primera instancia, y más adelante se refuerza tal búsqueda por los maestros, los amigos, los compañeros de trabajo y en gran medida los medios masivos de comunicación, los cuales promueven todo tipo de bienes y servicios para que la persona se sienta feliz de haberlos adquirido. Tal felicidad es de corto plazo ya que al paso del tiempo surgirá algo que vuelve a despertar en la persona el deseo de adquirirlo.

Lo que más buscan casi todas las personas se puede resumir en lo siguiente:

1.- Riqueza.

a).- Con esos recursos económicos podrá adquirir todo lo que se supone debe tener una persona de éxito como es un automóvil de modelo reciente, de preferencia el más lujoso.

b).- Casa propia con todo tipo de servicios, en alguna zona residencial de alto nivel y hasta con alberca.

c).- Ropa de moda, de preferencia importada.

d).- Para las mujeres todo tipo de cosméticos costoso y joyas.

e).- Pasar las vacaciones en lugares alejados y si es posible en el extranjero.

2.- Búsqueda de poder, de preferencia político, para así demostrar que se tiene control sobre otras personas.

3.- Reconocimiento y aceptación por las demás personas como sucede con los artistas de todos tipos, los deportistas, etc. Los cuales automáticamente tienen asegurado el poder económico con el cual pueden adquirir todo lo que desean y así ser aparentemente felices.

El problema que surge con todo lo anterior es que la aparente "felicidad" lograda por las personas en los tres niveles descritos es pasajera ya que siempre habrá algo más que les falta, un automóvil más costoso, una casa más grande, un puesto político de mayor nivel, etc. lo cual genera un círculo vicioso de querer más y más provocando la infelicidad constante en la mayoría de los seres humanos.

La pregunta es ¿Por qué surge esta constante búsqueda de la felicidad? La respuesta es porque, intuitivamente, todos la vivimos cuando éramos bebés de entre 15 y 20 meses y todavía no se generaba el concepto de "Yo" o Ego. Por supuesto que había momentos de incomodidad como tener hambre, frío, sueño, etc., pero eran muy cortos ya que nuestros padres los resolvían a la brevedad posible. Inclusive cuando el bebé todavía no nacía y se estaba desarrollando en el vientre materno, su estado de felicidad era constante y absoluto dado que todas sus necesidades eran satisfechas, por el cuerpo de la madre, de forma inmediata como el hambre, la sed, etc. El bebé vivía en lo que varios conferencistas en No Dualidad denominan "Amor Incondicional". Al momento del nacimiento empiezan los problemas como es el frío inmediato que siente el bebé dado que cuando se encontraba en el vientre materno la temperatura era la del cuerpo de su madre y normalmente el exterior es más frío. Por otra parte, dentro del vientre materno no había luz, sin embargo al nacer se encontrará con algún tipo de iluminación la cual momentáneamente le causará molestia. Al paso del tiempo sentirá hambre, frío, sueño, etc. y eso causará infelicidad momentánea hasta que la madre satisfaga dichas necesidades.

Todos estos estados de infelicidad los registra el cerebro del recién nacido e intuitivamente recuerda que antes no existían. Ahí surge, de manera impersonal y no conceptual, la búsqueda de la felicidad pero con menor intensidad que cuando se genera el Ego y el bebé crece y se desarrolla quedando expuesto a todo lo que la sociedad señala como formas de alcanzar la felicidad.

Como se describirá más adelante, en las personas en las cuales desaparece el Ego ya no se busca la felicidad en nada simplemente se es feliz, de manera impersonal y no conceptual como cuando se era un bebé. Por supuesto que se tiene hambre, frío, calor, sueño, etc., pero todo ello se ve como parte del proceso de vida y se resuelve tan pronto como sea posible. Como Tony Parsons señala, las personas liberadas de su "Yo" comen, duermen, van al sanitario, se cubren cuando hace frío, etc., al igual que cualquier otra persona que sigue teniendo Ego, sin embargo ya no buscan la aceptación de los demás simplemente viven de acuerdo a sus posibilidades económicas. Hay muchos ejemplos de lo anterior pero uno de los más conocidos, a nivel mundial, es el de Nisargadata Maharaj, un famoso divulgador de la No Dualidad de la India el cual vivía en una humilde casa a pesar de que lo visitaban personas de casi todo el mundo para escuchar sus pláticas sobre esta filosofía y su familia recibía aportaciones económicas que le hubieran permitido vivir en una casa más costosa y con más lujos[6].

Durante las pláticas de No Dualidad de muchos conferencistas surge la siguiente pregunta por parte de los participantes. ¿Cuáles son las necesidades que se deben satisfacer para que los seres humanos sean felices siempre? La respuesta se puede basar en la conocida Pirámide de las necesidades de Abraham Maslow la cual se presenta en la figura 4.1 y que es muy conocida.

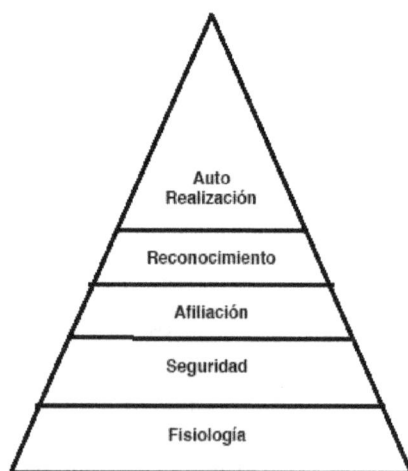

Figura 4.1. Pirámide de las necesidades de Maslow.

Los niveles de esta pirámide son los siguientes:

Nivel 1 o básico. Son todas las necesidades fisiológicas de cualquier persona; respirar, alimentarse adecuadamente, tomar agua, descansar, tener relaciones sexuales, etc. Todo ello para conservar la especie conforme pasa el tiempo, al igual que cualquier otro animal del planeta.

Nivel 2. Necesidades de seguridad física y de salud, tener un empleo y contar con un lugar adecuado para vivir junto con su familia, etc.

Nivel 3. Necesidades de afiliación. Se refieren a la vida social de cualquier persona como son: amistad, participación en su comunidad, afecto de sus seres queridos, etc.

Nivel 4. Necesidad de reconocimiento. Ser aceptado por otros miembros de su entorno, lo cual incluye, confianza, éxito, independencia, estatus social, fama, admiración, etc. Es en este nivel en donde surge la mayoría de los problemas que vivimos actualmente, ya que en él se refuerza el concepto de "Yo" o Ego.

Nivel 5. Necesidad de autorrealización. Incluye la moralidad, creatividad, falta de prejuicios, sencillez, etc.

Según los conferencistas de No Dualidad, los primeros dos niveles son básicos para cualquier persona tenga o no Ego sin embargo una vez que surge el "Yo" entran en juego los niveles 3 y 4 lo cual crea la eterna búsqueda de la felicidad que en realidad hace infeliz a las personas como actualmente sucede en la mayor parte de los habitantes del planeta tierra.

En el nivel 5, la autorrealización significa dos cosas:

a).- Si el Ego de la persona sigue siendo generado por las neuronas del cerebro, reconoce que no necesita demostrar nada a los demás ya que como ser humano tiene su propio valor.

b).- Si el concepto de "Yo" ya no es generado por el cerebro, no se requiere demostrar nada a nadie y la vida se vuelve más simple concentrándose en satisfacer solamente las necesidades básicas del cuerpo de la persona.

Desaparición del concepto de "Yo" o Ego

En varias filosofías orientales y en algunas religiones se comprende que el causante de la mayoría de los problemas del ser humano surgen debido al concepto de "Yo" o Ego y por lo tanto los adeptos a dichas filosofías y religiones siguen las indicaciones de los "maestros", también llamados "Gurús", para tratar de eliminar su Ego lo cual es una gran contradicción ya que ¿cómo puede ser posible que el propio "Yo" lleve a cabo prácticas para eliminarse a sí mismo? La práctica más empleada es la meditación habiendo muchos tipos de ella. En cualquier clase de meditación se debe concentrar el "Yo" del meditador. La siguiente caricatura presenta la contradicción que existe al meditar.

Figura 5.1. Una persona meditando para liberarse de su Ego y alcanzar la iluminación.

Otra forma de meditación, en Occidente, es tratar de poner la mente en blanco es decir sin ningún pensamiento. El problema aquí es que el Ego de la persona es quién lleva a cabo tal práctica y por lo tanto nunca va a desaparecer. Algunos conferencistas en No Dualidad señalan que éste tipo de meditación sería equivalente a que cuando una persona está soñando y aparece ella misma en dicho sueño, ese personaje soñado se pusiera a meditar para encontrar su verdadera "realidad" y descubrir a la persona que la proyecta en el sueño lo cual es completamente imposible.

Por otra parte, es conveniente señalar que algunas personas en las cuales ha desaparecido su Ego, ya sea de manera temporal o definitiva, señalan que ello se debió a que durante muchos años meditaron intensamente. Según Tony Parsons, Bob Adamson y Nathan Gill, lo que sucedió fue una coincidencia, su pérdida de "Yo" hubiera sucedido aún sin dicha práctica. Tony Parsons señala que tal "liberación" del "Yo" hubiera sucedido llevando a cabo actividades cotidianas como conducir un automóvil, caminando solo en un bosque, nadando, etc. Al autor de este libro le sucedió contemplando un atardecer a la orilla del mar.

Es conveniente aclarar que se escribe "liberación" entre comillas debido a que en realidad no se alcanza tal "liberación" ya que el fondo donde aparece el Ego siempre está presente aún en sueño profundo y tal condición no es un estado el cual tiene un inicio, un tiempo de duración y un final. Este fondo, donde surge el "Yo" y todos los demás pensamientos, es como un espejo en el cual aparecen objetos reflejados. Ese fondo se denomina Conciencia impersonal no conceptual y es la que tiene un bebé recién nacido hasta los 15 o 20 meses de edad. Tiene varios nombres:

a).- Conciencia Universal o Cósmica.

b).- Según Bob Adamson, conocido expositor de No Dualidad en Australia, la denomina Energía Inteligente que es consciente de ella misma.

c).- En algunas religiones se le llama espíritu universal o "Dios".

d).- En el Hinduismo se le considera como Brahmán, su dios principal, el cual sueña todo el universo y por lo tanto nuestra conciencia es generada por ese dios pero en realidad es él mismo. Lo anterior es similar a cuando una persona está soñando y esa persona surge como uno de los personajes de dicho sueño, en realidad es el soñador cuyo cerebro proyecta tal personaje y todo lo soñado.

Una vez que el Ego desaparece en la persona, los sentimientos, emociones, deseos, aspiraciones, etc., continúan surgiendo pero sin el "Yo", todo es como es y está perfecto, aún en situaciones desagradables. La gran mayoría de autores y conferencistas en No Dualidad lo denominan "Amor Incondicional".

Esta Conciencia Cósmica es representada por muchos expositores de No Dualidad como un océano en el que aparecen olas y nace en ellas el concepto de "Yo soy una ola independiente", perdiendo de vista que en realidad son el océano.

Cuando se acercan a la playa, surge en dichas olas el miedo a "morir" y efectivamente al llegar a la orilla del mar desaparecen como olas independientes y regresan a lo que siempre fueron o sea el océano. En el ser humano sucede algo parecido desde que aparece el Ego y por lo tanto el miedo a la muerte se hace presente, sin embargo cuando el cuerpo deja de existir como tal todo vuelve a ser lo que siempre ha sido, Conciencia Cósmica, Conciencia Universal o Energía Inteligente. En algunas religiones, en las cuales se piensa que el ser humano tiene un espíritu personal, cuando la persona deja de existir se dice que éste regresa a su origen o sea al Espíritu Universal.

En el siguiente capítulo, que es uno de los más importantes de la obra, se describe cómo es que la ciencia, en especial la Física Cuántica, comprueba la existencia de una inteligencia en todo el universo a la cual se le puede dar el nombre que más le agrade al amable lector.

El experimento de la Doble Ranura

Antes de leer el presente capítulo se le ruega al amable lector que si tiene la oportunidad vea en Youtube la divertida caricatura del Dr. Quantum bajo el título de: "EL EXPERIMENTO DE LA DOBLE RANURA", la cual ya se encuentra en español. El ver dicha caricatura le ayudará, en gran medida, a comprender los principales conceptos que se describen a continuación y que son básicos para entender lo que somos verdaderamente los seres humanos y por supuesto todo lo que existe en el universo en el que vivimos.

El primer paso es recordar conceptos elementales de Física Quántica, siendo el más importante el saber que todo lo existente en nuestro universo tiene como estructura básica los átomos. Un átomo es la unión de protones en su centro y electrones girando alrededor de ellos como se ve en la figura 6.1. Los electrones tienen carga negativa y los protones positiva.

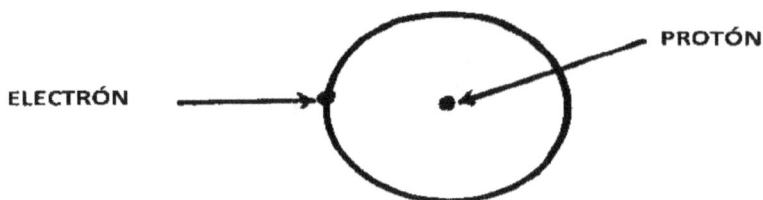

Figura 6.1. Partículas que forman un átomo, en este caso Hidrógeno.

Los átomos a su vez se unen para formar todo tipo de moléculas como la del agua que tiene dos de Hidrógeno y uno de Oxígeno y así sucesivamente. Las moléculas forman células y éstas tejidos los cuales son la base de los órganos y finalmente se tiene un ser vivo como todos lo que existen sobre la tierra incluyendo a los seres humanos.

A las partículas que forman los átomos se les denomina "Partículas subatómicas" y ellas pueden ser separadas de los átomos en los laboratorios de Física Cuántica. Con ellas se lleva a cabo el famoso y muy importante experimento llamado de "La Doble Ranura". Para comprender dicho experimento es necesario primero verlo desde el punto de vista de nuestra vida cotidiana. Imagine el lector una persona lanzando pelotas de béisbol hacia una lámina que tiene dos ranuras en donde pasan las pelotas y unos metros más adelante se tiene otra lámina que ha sido cubierta de pintura fresca para que se detecte en donde pega cada pelota. La figura 6.2 presenta el arreglo.

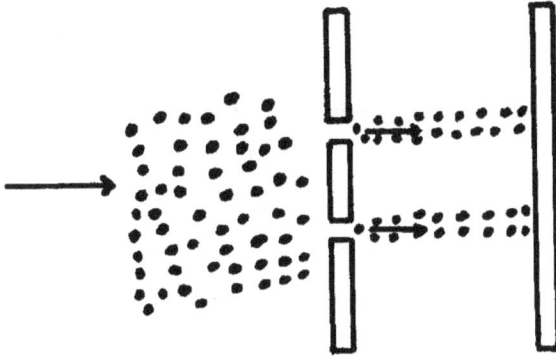

Figura 6.2. Pelotas de béisbol lanzadas a dos ranuras.

Cuando se termina el experimento se ve la lámina en donde pegaron las pelotas y se observan dos barras perfectamente delineadas. Como se presenta en la figura 6.3.

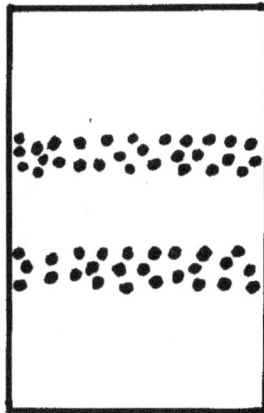

Figura 6.3. Lugares donde llegaron las pelotas de béisbol que pasaron por las ranuras.

Ahora llevemos a cabo el mismo experimento pero a nivel cuántico con electrones que se han separado de los átomos en donde se encontraban. Estos electrones van a ser lanzados hacia una placa con dos ranuras y detrás de ella se coloca otra que va a detectar el lugar a donde llega cada electrón. Una vez terminado el experimento se observa la placa receptora y para sorpresa de todos, lo que se observa es un patrón de interferencia lo que indica que los electrones no se comportaron como partículas sólidas sino como ondas. Para comprender lo que es un patrón de interferencia imagine el lector que deja caer una pequeña piedra sobre el agua de un lago, esta piedra, al tocar el agua, formará una onda. Si ahora se arrojan varias piedras en diferentes partes del lago se formarán varias ondas y si chocan entre sí y se detecta el resultado de este choque se obtiene el llamado "patrón de interferencia de ondas" o sean zonas obscuras, zonas menos obscuras y zonas claras. En las figuras 6.4 y 6.5 se presenta el experimento de la doble ranura de forma muy elemental.

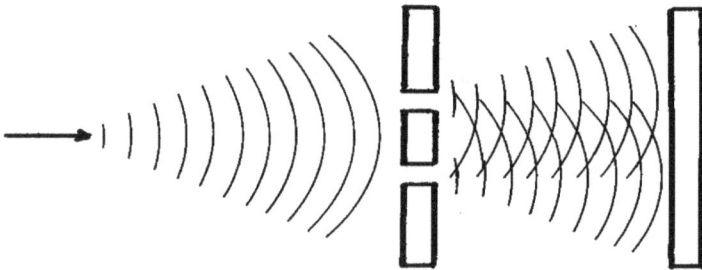

Figura 6.4. El experimento de la doble ranura pero ahora con electrones.

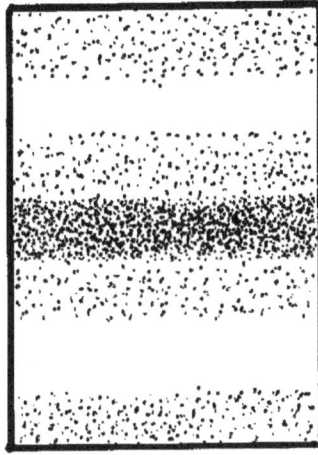

Figura 6.5. Patrón de interferencia obtenido cuando las ondas
interactuaron entre ellas.

El resultado obtenido sorprendió a los investigadores ya que ellos esperaban que los electrones se comportaran como partículas sólidas. Volvieron a llevar a cabo el experimento pero ahora colocando un detector para observar a los electrones que llegaban a las ranuras y comprobar si eran ondas o partículas, como se presenta en la figura 6.6. Cuando se terminó el experimento y se observó la placa detectora, el asombro de los investigadores fue mucho mayor que en el experimento anterior ya que desapareció el patrón de interferencia y los electrones se comportaron como partículas sólidas no como ondas. Pareciera que los electrones "sabían" que estaban siendo observados y por ello no actuaron como ondas. Esto se presenta en la figura 6.7.

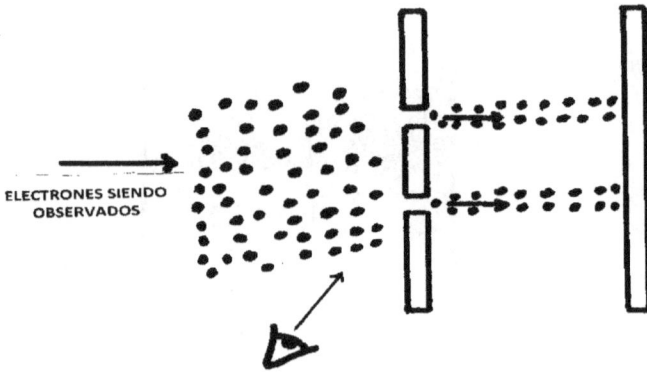

Figura 6.6. Experimento de la doble ranura pero ahora observando si eran ondas o partículas las que llegaban a ellas.

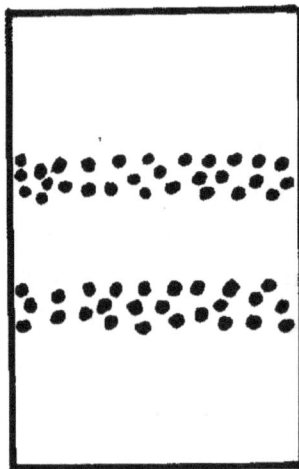

Figura 6.7. Lugar a donde llegaron los electrones en la placa detectora al ser observados en la doble ranura.

Según varios científicos que han escrito sobre este experimento, señalan que la razón por la cual los electrones actuaron como partículas y no como ondas fue debido a que estaban siendo observados. A este fenómeno se le conoce, en Física Cuántica, como *"colapso de la función de onda"*. El mismo experimento se ha hecho con fotones o sean partículas de luz y el resultado ha sido siempre el mismo[7,8,9,10,11]. Este fenómeno se conoce con el nombre de *"Efecto del observador"*.

Michio Kaku, el conocido Profesor de Física Teórica en la universidad de Nueva York, señala en uno de sus videos de Youtube, sobre Física Cuántica, que para la aparición de todo lo que nos rodea es necesario que se colapse la función de onda de miles de millones de ondas y así surjan las partículas cuánticas de todos tipo (neutrones, protones, fotones, etc.) y por lo tanto algo o alguien debe estar observando tales ondas. El investigador le da nombres como Dios o Conciencia Universal.

Aquí es donde surge una de las preguntas más importantes que puede hacer cualquier ser humano y es: ¿Quién o por qué se colapsaron los miles de millones de ondas para que surgieran las partículas subatómicas que formaron los átomos que son la estructura básica de este universo cuando se produjo la gran explosión que lo originó, hace miles de millones de años? Existen varias respuestas a tal pregunta como son:

a).- Los conferencistas sobre No Dualidad como Tony Parsons, Bob Adamson, Nathan Gill, etc., responden que fue la Conciencia Cósmica o la Energía Inteligente que se hizo consciente de sí misma y con ello surgieron todas las partículas subatómicas que forman los átomos de éste universo.

b).- En su libro titulado "The Self Aware Universe"[12] (universo auto consciente) el Profesor Amit Goswami señala que todo el universo es consciente de sí mismo y automáticamente tal conciencia colapsa la función de onda de las miles de millones de ondas que se convierten en partículas subatómicas y a su vez forman los átomos que existen en todo el universo. Lo mismo señalan otros autores como Bruce Rosenblum[14] y Dean Radin[15].

c).- Desde el punto de vista religioso, en el Brahmanismo se cree que la gran explosión fue causada por su dios Brahmán cuando se quedó dormido y por lo tanto todo el universo está siendo soñado por él incluyendo a los seres humanos.

Aquí se hace necesario comprender el concepto "Energía Inteligente", que mencionan varios conferencistas en No Dualidad, para ello se le pide al amable lector que responda a la siguiente pregunta. ¿Considera que un árbol es inteligente? La respuesta más probable es No, ya que los árboles no tienen cerebro y por lo tanto no pueden ser inteligentes. Para sorpresa del lector, los árboles si son inteligentes, desde el punto de vista de los conferencistas mencionados, ya que han llevado a cabo el proceso de Fotosíntesis por millones de años al igual que todas las plantas verdes. Este proceso es convertir el agua, los nutrientes del suelo, el bióxido de carbono del aire y la luz solar en hojas, frutos y semillas algo que ningún ser humano ha podido lograr reproducir, hasta la fecha, a pesar de que hay grupos de científicos tratando de llevarla a cabo en centros de investigación en varias naciones. Otro ejemplo de dicha inteligencia es el siguiente. Cuando un espermatozoide fecunda al óvulo se inicia el desarrollo del feto, las células que van surgiendo "saben" que órganos van a formar ya sea el cerebro del bebé, su corazón, el estómago, etc. Toda esa información se encuentra en el ADN del espermatozoide y del óvulo. La *"inteligencia"*, en este ejemplo, es la programación efectuada con anterioridad. Este es el tipo de inteligencia al que se refieren los conferencistas en No Dualidad cuando hablan de la *"Energía Inteligente"*, la cual es la base de todo lo que existe en nuestro universo y que además siempre ha existido y existirá.

Es conveniente recordar que la energía forma la materia y viceversa según la muy conocida ecuación del Profesor Albert Einstein que es:

$$E=MC^2$$

Donde:

E = Energía.

M = Masa.

C^2 = Velocidad de la luz elevada al cuadrado.

Si ahora se despeja la materia se obtiene la siguiente ecuación:

$$M=E/C^2$$

Estas dos ecuaciones demuestran la relación entre la energía y la masa o materia que existe en todo este universo y en miles de millones de otros universos.

Por otro lado, la Primera Ley de la Termodinámica señala lo siguiente: **"LA ENERGÍA NO SE CREA NI SE DESTRUYE, SIMPLEMENTE SE TRANSFORMA"**, en palabras más simples, la energía que forma la materia de este universo, incluyendo a los seres humanos, siempre ha existido y existirá suceda lo que suceda. Lo anterior prueba que la muerte no existe, lo único que cambia es la forma temporal de la materia de que se trate, incluyendo el cuerpo de los seres humanos.

Para terminar el presente capítulo es conveniente señalar que cada día que transcurre se reafirman los conceptos de la No Dualidad por los avances científicos a tal grado que desde hace 7 años se llevan a cabo, año con año, congresos internacionales bajo el título de **"SCIENCE AND NON-DUALITY"** (Ciencia y No Dualidad) en los Estados Unidos de América y en países de Europa. A tales eventos asisten conferencistas y escritores en el tema de la No Dualidad así como científicos de reconocido prestigio para presentar sus descubrimientos los cuales reafirman que nuestro universo ha surgido debido a una Conciencia Cósmica o Energía Inteligente.

El Universo es un holograma

La conclusión que se obtiene del experimento de la doble ranura es sorprendente ya que demuestra dos cosas increíbles, todas las partículas subatómicas que forman la materia de todo el universo, existen y no existen al mismo tiempo dependiendo si son o no son observadas, lo cual lleva a la conclusión de que nuestro universo, incluyéndonos a nosotros mismos, formamos un gigantesco holograma o sea una proyección virtual sin existencia real, una especie de sueño en el que somos personajes del mismo.

El Profesor Stephen Hawking, en su obra más reciente titulada **"EL GRAN DISEÑO"**[7] explica ampliamente esa conclusión. Como es bien sabido, el Profesor Hawking es un científico muy reconocido a nivel mundial e inclusive se dice que es el Einstein actual y además ha sido candidato al Premio Nobel en varias ocasiones por lo tanto lo que señala es algo verdadero. Otro científico que reafirma tal conclusión es Michael Talbot en su interesante libro *El Universo Holográfico: La Revolucionaria Teoría de la Realidad*[13].

Si el lector quiere saber más sobre esta conclusión de manera rápida, se le sugiere que vea en Youtube videos bajo el título *"El Universo es un Holograma"*, ahí encontrará varios que reafirman tal descubrimiento.

Como todos sabemos un holograma es una proyección virtual que no tiene existencia real pero que aparentemente parece ser real. Esto es similar a un sueño en el cual aparecen personas e inclusive la imagen del propio soñador y todo se ve muy real sin embargo es simplemente una proyección virtual del cerebro de quien sueña. Si en el sueño hay una mesa y el personaje del soñador la toca sentirá que es sólida y llegará a la conclusión de que existe realmente, lo mismo sucede en nuestro entorno cuando estamos despiertos, creemos que todo es real y existe pero la ciencia está demostrando lo contrario.

Dado que el universo es un holograma eso vuelve a demostrar que los seres humanos no tenemos libre albedrío, como ya se explicó en el capítulo 3, lo cuál es exactamente igual a los personajes de cualquier sueño, tampoco lo tienen ya que sus acciones y percepciones dependen del cerebro del soñador el cual proyecta duchos personajes. Con los seres humanos y con todo lo que existe en el universo sucede lo mismo, somos simples proyecciones virtuales de la Conciencia Cósmica o Energía Inteligente.

La muerte

Muy a menudo durante las pláticas sobre No Dualidad surge la pregunta: ¿Qué es la muerte desde el punto de vista del expositor?

La respuesta de casi todos los expositores es otra pregunta, ¿qué nace y qué muere? y es aquí donde la persona que hizo la pregunta queda por una parte sorprendida y por otra confundida. En ese momento, el expositor toma una hoja de papel tamaño carta y construye con ella un barco enseñándolo a todos los asistentes. Ya que lo vieron, lo deshace y ahora construye un avión con la misma hoja de papel enseñándolo de nuevo a las personas presentes y hace la siguiente pregunta: ¿el barco murió y el avión nació? Muchos de los asistentes quedan confundidos con la pregunta. El expositor explica que la esencia tanto del barco como del avión es la hoja de papel la cual solamente cambió de forma y que ese simple principio se aplica a cualquier estructura existente, incluyendo a los seres humanos y a los átomos que los forman los cuales no son otra cosa que energía en forma de materia. En promedio, una persona de 70 kilogramos de peso tiene 1,000,0 00,000,000,000,000,000,000,000 átomos en su cuerpo. Estos átomos han existido por miles de millones de años formando otras estructuras minerales, vegetales o animales.

El expositor ahora explica que los átomos son la base de las moléculas, las células, los tejidos, los órganos y finalmente el cuerpo de la persona. Cuando dicho cuerpo deja de funcionar totalmente se le puede enterrar en un ataúd o incinerar. En los dos casos, las moléculas de agua y los compuestos volátiles pasarán a la atmósfera con el tiempo y se dispersarán para finalmente caer a la tierra en donde seguramente serán aprovechados por las plantas y pasarán a formar parte de ellas, incluyendo sus hojas, semillas y frutos. Si ahora un animal herbívoro consume alguna parte de dicha planta, donde se encuentren las moléculas de agua o los átomos de los compuestos volátiles que formaban el cuerpo humano, éstos se integrarán al cuerpo de dicho animal y así sucesivamente.

Lo que queda en el ataúd son los átomos y las moléculas no volátiles que serán alimento de microorganismos y por lo tanto pasarán a formar parte de ellos.

Si el cuerpo es incinerado, todos los compuestos volátiles pasarán inmediatamente a la atmósfera y los no volátiles quedarán en las cenizas, si éstas son lanzadas al mar todos los átomos en dichas cenizas se dispersaran en el océano y serán aprovechados por plantas marinas las cuales a su vez serán consumidas por algunos peces y así sucesivamente.

Desde el punto de vista de los átomos que formaban el cuerpo humano, como en el caso de la hoja de papel con la que se construyó el barco y el avión, nada muere simplemente estructuran una nueva forma física. Algo que va a sorprender al lector es saber que varios de los átomos que actualmente forman su cuerpo seguramente también formaron los cuerpos de otros animales e inclusive de dinosaurios hace millones de años. Una vez que se comprende todo lo anterior, la pregunta de que si existe la muerte tiene dos respuestas:

a).- No, si se contempla desde el punto de vista de los átomos que forman el cuerpo humano los cuales solamente pasan de ser la forma de dicha estructura temporal a otra. Dichos átomos son originados por la energía del universo como se explicó en el capítulo 6.

b).- La muerte si existe desde el punto de vista del Ego de la persona el cual desaparece con ella cuando el cuerpo deja de funcionar definitivamente, sin embargo debe recordarse que dicho "Yo" no es otra cosa que una proyección mental de las neuronas del cerebro de la persona y por lo tanto no existe realmente. En el sueño profundo este Ego también desaparece.

El temor a la muerte, por la gran mayoría de los seres humanos, ha sido tomado por muchas religiones actuales para tener más seguidores y es por ello que sus sacerdotes les prometen que cuando mueran su espíritu seguirá existiendo en algún otro lugar siempre y cuando crean en tal o cual dios, se porten bien, sean bondadosos, etc. Todo esto va dirigido al Ego de las personas y es por ello que dichas religiones tienen muchos adeptos. El problema es que cuando se analiza a fondo el concepto de "espíritu personal" se llega a la conclusión de que no es otra cosa que el "Yo" de la persona, sin embargo si se contempla desde el punto de vista del "Espíritu Universal", que es equivalente a la "Conciencia Cósmica" o "Energía Inteligente", ahí sí se puede decir que nunca muere ya que siempre ha existido y existirá pero no como un "Yo" separado. Por supuesto que eso nunca lo dicen los sacerdotes o guías espirituales, ya sea porque lo desconocen o porque no les convendría decirlo a sus seguidores o adeptos debido a que con ello, el objetivo de su religión ya no tendría ningún sentido.

¿Es posible lograr la desaparición del Ego?

En la mayoría de las pláticas que ofrecen los conferencistas en No Dualidad invariablemente surge la pregunta: ¿Qué puede hacer una persona para liberarse del concepto de "Yo" o Ego?

Muchos expositores de la No Dualidad, principalmente en Asia (La India, China, el Tíbet, etc.) recomiendan algún tipo de práctica, en especial la meditación, en alguna de sus formas. La pregunta que surge con esas prácticas es ¿Quién es el que medita? La respuesta es el Ego con lo cual se refuerza a sí mismo como se explicó en el capítulo 5. Lo anterior es señalado muy a menudo por los conferencistas en No Dualidad occidentales como Tony Parsons, Bob Adamson, Nathan Gill, etc. y explican que es la siguiente contradicción. El Ego se pone a meditar para eliminarse a sí mismo lo cual es imposible ya que sería como suicidarse.

Algunas personas, en las cuales su cerebro ya no genera el Ego, señalan que lo lograron debido a la meditación que practicaron durante muchos años, lo que responden los expositores de No Dualidad es que esa desaparición del "Yo" hubiera sucedido aún sin dicha meditación y que solamente fue una coincidencia con esa práctica. Varios expositores señalan que conocen personas que han perdido su Ego caminando en un bosque, conduciendo un automóvil, contemplando las estrellas, etc.

Por otro lado explican que la pérdida del Ego es muy probable llevando a cabo actividades que requieren solamente la atención impersonal como las ya señaladas, sin embargo en el momento que el "Yo" piensa: "Yo estoy contemplando las estrellas para liberarme del Ego" ya no funciona tal actividad por que existe una conceptualización de ella por el Ego.

En realidad no es necesaria ninguna práctica activa para regresar a la percepción impersonal no conceptual que todo ser humano vivió cuando era un bebé, desde su nacimiento hasta los 15 o 20 meses de edad y el concepto de "Yo" todavía no surgía.

La conciencia impersonal no conceptual se compara con un espejo en el que se reflejan imágenes como un gato, una silla, una mesa, etc. Suponiendo que el espejo pudiera pensar y se identificara con lo que refleja surgiría el temor a la muerte por que dichos reflejos así como aparecen desaparecen, sin embargo el espejo sigue existiendo. Lo mismo sucede con la Conciencia Cósmica, se identifica temporalmente con las personas al crear el concepto de "Yo" y es aquí cuando surge el miedo a la muerte.

Cualquier práctica es como si un espejo la llevara a cabo para descubrir que es el espejo mismo lo cual es una contradicción en la que caen algunos de los llamados "maestros espirituales" tanto en el Oriente como en el Occidente y es, o porque en realidad no se han liberado de su Ego o porque tienen intereses económicos que no quieren perder si sus "discípulos" descubren su verdadera esencia la cual siempre ha existido y existirá sin ninguna clase de práctica.

Como conclusión se puede señalar que conocer nuestra verdadera identidad no requiere de ninguna práctica o enseñanza, eso sería como querer aprender a digerir nuestros alimentos, respirar, hacer circular la sangre por nuestro cuerpo, etc. Lo que somos siempre se encuentra presente pero el concepto de "Yo" lo opaca temporalmente hasta que, de manera fortuita, desaparece durante la vida de la persona o cuando ésta deja de existir como el cuerpo físico.

Conclusiones

Las conclusiones más importantes de todo lo escrito hasta aquí son las siguientes:

1.- El miedo a la muerte es uno de los temores más comunes en la gran mayoría de los seres humanos debido a que no se ha analizado el concepto de muerte desde el punto de vista científico, en especial de la Física Cuántica.

2.- En realidad, el cuerpo humano al igual que cualquier otra estructura del universo, está formada por átomos.

3.- Esos átomos están constituidos por partículas subatómicas cuya esencia es la energía cuántica la cual no se crea ni se destruye sino que simplemente se transforma.

4.- Estas partículas cuánticas surgen cuando la Conciencia Cósmica o Energía Inteligente se hace consciente de ella misma y con ello colapsa la función de onda que eran tales partículas.

5.- El experimento de la doble ranura prueba, más allá de toda duda, la conclusión anterior.

6.- El miedo a la muerte surge debido a que las neuronas del cerebro de las personas generan el concepto de "Yo" o Ego el cual "sabe" que así como surgió va a desaparecer.

7.- En algunas personas, en las cuales su cerebro deja de proyectar el concepto de "Yo" ya sea de manera temporal o definitiva, el miedo a la muerte desaparece automáticamente.

8.- Esta desaparición del Ego no se puede lograr mediante prácticas como la meditación, los cantos místicos, etc., simplemente sucede de manera natural llevando a cabo actividades rutinarias.

9.- La Conciencia Cósmica o Energía Inteligente es al mismo tiempo la que proyecta todo lo que existe en el universo y es lo proyectado.

10.- La esencia básica de todo lo que existe en el universo, incluyendo a los seres humanos, es inmortal lo único que cambia es la forma de las estructuras temporales.

11.- Estas dos últimas conclusiones son la base de casi todas las religiones del planeta sin embargo se les adiciona una visión mística por una parte y por la otra se dice que el creador es una entidad separada de su creación lo cual es completamente erróneo.

12.- En la filosofía denominada No Dualidad, que en algunas naciones de Oriente se le considera una religión, se tiene una frase que dice: **"EL VACIO ES LA FORMA Y LA FORMA ES EL VACIO"**. Con esta expresión se sugiere que todo existe y no existe al mismo tiempo como sucede con un holograma o proyección virtual.

Preguntas, respuestas y comentarios

En todas las pláticas que ofrecen los conferencistas sobre No Dualidad surgen muchas preguntas sobre lo expuesto y es por ello que dedican una parte de dichas pláticas a contestarlas. A continuación se presentan las más comunes esperando que respondan a las que surjan en el amable lector.

Pregunta: ¿Cuál es la causa por la cual la "Conciencia Cósmica" o la "Energía Inteligente" hace que surja el "Yo" en los seres humanos si eso va a traer tantos problemas y sufrimiento?

Respuesta: No hay ninguna razón simplemente así sucede, en el holograma en el que aparentemente vivimos. Es similar a cuando una persona tiene una pesadilla, ¿Por qué sueña eso?, porqué su cerebro genera tal sueño sin ninguna razón. ¿Nuestros sueños tienen algún objetivo? Por supuesto que no, lo mismo sucede en nuestra aparente "realidad", todo es como es y punto. En ocasiones sucede todo lo contrario, una persona gana un premio en la lotería, otra hereda una lujosa casa con alberca en una zona de alto nivel económico, otra se cura de una enfermedad mortal, etc. ¿Por qué sucede todo eso que es muy agradable? Por ninguna razón simplemente se produce.

Pregunta: ¿Qué objeto tiene asistir a pláticas sobre No Dualidad o leer libros sobre esa filosofía si en realidad no hay nada que hacer para ser lo que siempre hemos sido?

Respuesta: No tiene ningún objetivo, simplemente así pasa, recordemos que no hay libre albedrío y lo que aparentemente sucede es lo que pasa. Lo que en algunas personas sucede, durante las pláticas o un corto tiempo después, es una especie de resonancia intuitiva de la conciencia impersonal no conceptual que todos vivimos cuando fuimos bebés menores de 20 meses, en promedio. En estas personas su Ego desaparece, ya sea de forma temporal o definitiva. Esto también sucede, pero con menor frecuencia, leyendo libros sobre el tema.

Pregunta: ¿Hay algún cambio en la forma de vida en las personas en las cuales su Ego desaparece?

Respuesta: En la gran mayoría de los casos si se produce un cambio hacia una vida más simple y natural. También dejan de preocuparse por lo que se piense de ellos. En la India, se tienen algunas personas liberadas las cuales viven en casas humildes con techos de palma o inclusive en cuevas. Obtienen recursos económicos para cubrir sus necesidades básicas de las contribuciones que les proporcionan las personas que asisten a sus pláticas sobre No Dualidad. El caso más conocido es el de Nisargadatta Maharaj, el cual vivió en un departamento muy humilde hasta su muerte. En el Occidente, como es el caso de Estados Unidos de América, Inglaterra, Australia, Alemania, etc., las personas liberadas de su Ego escriben libros, publican sus pláticas en INTERNET, asisten a conferencias internacionales, son entrevistados en televisión, etc., y llevan una vida como la de cualquier otra persona sin tener que demostrar nada a nadie.

Pregunta: Si el universo y todo lo que existe en él es un holograma o una proyección virtual ¿quién la proyecta?

Respuesta: La Conciencia Cósmica o Energía Inteligente. En otras palabras, esta energía se hace consciente de sí misma y con ello colapsa la función de onda de miles de millones de ondas para que surjan las partículas subatómicas las cuales son la base de los átomos, éstos forman moléculas y todo lo que aparentemente existe en el universo holográfico en el cual aparece un ser humano que pregunta ¿Quién proyecta el holograma? Para comprender mejor esta respuesta, de manera elemental, imaginemos un cerebro del tamaño del universo el cual está soñando y proyecta todo lo que existe en dicho universo incluyendo a los seres humanos.

Pregunta: ¿Qué prueba científica se tiene de que el universo es un holograma?

Respuesta: La prueba más simple, fácil de comprender y más difundida es el llamado *"Experimento de la doble ranura"* en el cual el observador provoca que la onda de un electrón se colapse y surja dicho electrón como una partícula sólida. Si dicha partícula se deja de observar regresa a su condición de onda. Esta es la prueba más simple y fácil de comprender de que el universo es un holograma incluyéndonos a nosotros mismos.

Pregunta: Yo asisto a pláticas sobre No Dualidad y leo libros sobre el mismo tema porque siento que "algo" me hace falta. Supongo que lo mismo sucede con la mayoría de los asistentes a dichas pláticas, ¿Por qué surge tal sentimiento?

Respuesta: ¿Tenía ese sentimiento cuando era un bebé entre 15 y 20 meses de edad? La respuesta es por supuesto NO ya que era la Conciencia Cósmica en su condición básica. Una vez que la energía de esa conciencia se contrae y forma el concepto de "Yo" surge el sentimiento, intuitivo, de haber perdido "algo". Lo que aparentemente se perdió fue la condición de unidad con todo lo existente que algunos autores en No Dualidad llaman *"Amor incondicional"*.

Por otra parte, el mismo Ego de las personas recuerda, vagamente y de forma conceptual, tal pérdida lo que hace que quiera retornar a ella buscándola en lo que los padres, maestros, amigos, y sociedad en general recomiendan como es una carrera universitaria, un alto puesto político, riqueza, consumo suntuario, etc. Sin embargo, aun logrando todo eso sigue el sentimiento de vacío interno y ahora la búsqueda se enfoca en las religiones de todos tipos, filosofías místicas, prácticas esotéricas y finalmente en la asistencia a pláticas sobre No Dualidad y libros sobre ese mismo tema.

Una vez que desaparece el Ego todo vuelve a ser perfecto ya sea que se viva en una choza de madera o en una lujosa casa con alberca.

Pregunta: ¿Existe la reencarnación?

Respuesta: Si y no dependiendo lo que se entiende por "reencarnación".

Si el cuerpo de la persona que falleció se entierra en un ataúd lo primero que se pierde es el agua en forma de vapor y todos los compuestos volátiles del mismo. Este vapor de agua se dispersa en la atmósfera y con el tiempo será condensado y seguramente formará gotas que caerán a tierra. Esas moléculas de agua seguramente serán aprovechadas por las plantas y pasarán a formar parte de sus tallos, hojas, flores, frutos y semillas. Si dichas hojas, frutos o semillas son consumidos por algún animal herbívoro algunas de las moléculas del agua pasarán a su cuerpo. En este caso si hay *"reencarnación"* pero de las moléculas no del Ego de la persona que se dice falleció.

Por otro lado, gran parte de la proteína del cuerpo de la persona fallecida se convierte en alimento de microorganismos lo cual hace que los átomos que formaban tal proteína pasen al cuerpo de esos microorganismos y ahí se puede decir que "reencarnaron" en ellos. En este caso si hay reencarnación.

Desde el punto de vista del Ego, la reencarnación no existe ya que al fallecer la persona su "Yo" automáticamente desaparece ya que las neuronas del cerebro dejan de proyectarlo como sucede durante el sueño profundo.

Pregunta: En base a esta respuesta ¿el "alma" o "espíritu" de las personas existe o no?

Respuesta: Depende qué se quiere decir con "alma" o "espíritu". Por favor explíquenos lo que entiende por esos dos conceptos.

Asistente: El "alma" es nuestra esencia pura que va más allá del cuerpo físico.

Conferencista: ¿De qué está constituida esa "alma"? Recordemos que todo en el universo, incluyéndonos a nosotros mismos, es energía o materia.

Asistente: Para mí, el "alma" es la energía que proviene del "espíritu universal".

Conferencista: En ese caso la respuesta vuelve a ser Si y No.

Si entendemos que el "espíritu universal" es la energía básica que genera todas las partículas subatómicas de los átomos del universo, la respuesta es que Si existe.

Por otra parte, si el "espíritu" de la persona es su Ego, la respuesta es No ya que éste es simplemente un pensamiento generado por las neuronas de su cerebro y cuando el cerebro deja de funcionar desaparece ese "Yo".

Finalmente, si el llamado "espíritu universal" es equivalente a la "Conciencia Cósmica" o "Energía Inteligente" que se ha contraído en el individuo cuando surge el Ego, al morir la persona, esa energía se expande nuevamente a su estado original en el cual siempre ha existido y existirá. Como nota adicional les informo que en las personas en las cuales su

"Yo" desaparece se reconoce, de manera intuitiva e impersonal, que la muerte no existe y por lo tanto el concepto de reencarnación no tiene ningún sentido. El Ego es el único que le tiene temor a la muerte ya que así como surgió, tarde o temprano, va a desaparecer.

Pregunta: ¿Existe algún Dios desde la perspectiva de la cual estamos conversando?

Respuesta: Para responder dicha pregunta debemos empezar por aclarar la forma como el concepto de Dios ha ido cambiando a medida que avanzan los conocimientos que tiene la humanidad de su entorno y en especial, gracias a los avances científicos. Como es bien sabido, en los tiempos remotos se creía en el dios de la guerra, el dios sol, el dios de la lluvia, etc. al grado de que se llegaba a excesos verdaderamente increíbles desde nuestra visión actual. Como ejemplo tenemos a los Mayas que sacrificaban a mujeres jóvenes y bebés recién nacidos al dios de la lluvia esperando que con ello ese dios estuviera feliz y les enviara lluvias abundantes para sus cultivos. Todo ello debido a que los Mayas desconocían el ciclo del agua, una vez comprendido tal ciclo, el dios de la lluvia desapareció. Lo mismo sucedió con el dios sol, el dios de la guerra, etc.

Actualmente se piensa, en la gran mayoría de las religiones del mundo, que dios es un hombre maduro, de pelo largo, con barba y bigotes, lo cual refleja la imagen que tenemos de nuestro padre que nos cuidaba cuando éramos pequeños. Si nos portábamos bien nos premiaba y si hacíamos lo contrario nos castigaba. Este tipo de pensamiento se aplica a casi todas las religiones en las cuales el dios de que se trate nos vigila para ver nuestro comportamiento y cuando fallezcamos nos premiará enviándonos al paraíso o nos castigará, si hicimos lo contrario, mandándonos al infierno. Se habla inclusive de un purgatorio para las personas que a veces se portaron bien y otras veces hicieron lo contrario. En el caso de las vírgenes es lo mismo, en ellas se refleja la imagen que tenemos de nuestra madre.

La religión que más se acerca a lo que ha descubierto la ciencia es el Brahmanismo. En ella se cree que todo el universo es soñado por su dios Brahmán, incluyendo a los seres humanos y que todas nuestras acciones son llevadas a cabo por la voluntad de tal dios. En otras palabras, Brahmán proyecta el holograma en el que nos encontramos viviendo y todas nuestras acciones son realizadas por la voluntad de tal dios.

En todos esos casos, por supuesto que dios no existe.

Por otra parte, si consideramos que la Conciencia Cósmica o Energía Inteligente es una especie de dios que es auto consciente y proyecta éste y millones de otros universos, de forma virtual, se puede afirmar que si existe, pero es necesario aclarar que no está separado de su creación, es ella misma por lo cual nosotros somos proyecciones de ese "dios", aunque esa palabra está mal empleada y puede llevar a cierta confusión.

Finalmente, el concepto de un dios separado que nos vigila toda nuestra vida está desapareciendo en muchos países desarrollados en los cuales se tienen los mejores sistemas educativos del planeta como son: Suecia, Dinamarca, Finlandia,

Holanda, etc., en esas naciones entre el 75 y el 80% de sus habitantes ya son ateos. A éste respecto, Sam Harris[16], un conocido neurocientífico estadounidense y otros investigadores, señalan que en los próximos 15 a 20 años todas las religiones van a desaparecer en la mayoría de los países desarrollados no así en las naciones subdesarrolladas.

Pregunta: Si en realidad no tenemos libre albedrío ¿puedo ir a robar un banco?

Respuesta: Si así lo proyecta la Conciencia Cósmica eso sucederá, el problema es que si la policía lo captura pasará varios años en prisión lo cual, desde el punto de vista de la Energía Inteligente, tenía que suceder en el holograma en el que vivimos. Si no lo atrapan podrá gastar el dinero en lo que quiera.

Pregunta: Si por alguna razón todos los seres humanos sobre la tierra se liberaran de su Ego ¿eso cambiaría nuestra manera de vivir globalmente?

Respuesta: Por supuesto ya que no habría tantas guerras, delincuencia, corrupción impunidad, etc. Los seres humanos viviríamos de una forma más simple, ayudándonos unos a los otros y en equilibrio con el medio ambiente. Además el miedo a la muerte desaparecería.

Pregunta: Cuando se dice que todo lo que existe en el universo lo genera la Energía Inteligente, ¿a qué tipo de energía se refiere ya que hay muchas clases de energía?

Respuesta: En realidad toda la energía ya sea en forma de gas, diesel, carbón, gasolina, etc., proviene de la energía del campo cuántico por lo que la podemos llamar "Energía Cuántica Inteligente".

Pregunta: ¿Cómo se puede saber si una persona está realmente liberada de su Ego o es simplemente un individuo que desea ganar dinero de sus seguidores?

Respuesta: Es muy simple, si la persona dice "Yo estoy liberado de mi Ego", "Yo no existo como persona sino como individuo liberado", "En mí ya no hay Ego, todo es unidad", etc., es claro que al emplear las palabras "Yo", "individuo", "en mí", demuestra claramente que su Ego sigue existiendo. Por otro lado, si dice "En esta estructura biológica ya no hay percepción de identidad personal" prueba que en realidad el Ego ya no existe. Por otro lado, si la persona que dice estar liberada de su Ego, trata de enseñar a otras como liberarse del concepto de "Yo", esa es otra prueba de que en realidad sigue teniendo Ego y quiere vivir a costa de los demás.

Pregunta: ¿Qué se entiende por comprensión intuitiva de nuestra verdadera realidad?

Respuesta: Todo ser humano, cuando era bebé menor de 20 meses, tenía una percepción impersonal y no conceptual de su entorno es decir sin Ego o concepto de "Yo" ya que no se habían aprendido conceptos como "árbol", "mesa", "gato", etc. y por otra parte las neuronas de su cerebro todavía no generaban el concepto de "Yo". Después de los 20 meses, en promedio, surge el Ego y al mismo tiempo se empiezan a aprender conceptos como los antes señalados y así sigue su vida, sin embargo, en nuestro cerebro queda débilmente almacenada la percepción impersonal no conceptual de cuando fuimos bebés. Lo que a menudo sucede durante las pláticas sobre No Dualidad o al leer libros sobre el mismo tema es una especie de resonancia intuitiva de esa percepción la cual, en la mayoría de los casos, es momentánea. Eso es lo que se entiende por comprensión intuitiva de nuestra verdadera realidad.

Pregunta: Desde niños nuestros padres y maestros nos dicen: "Estudia con dedicación, trabaja con eficiencia, etc. para que seas alguien en la vida y vivas feliz" ¿Según la No dualidad eso no tiene ningún sentido?

Respuesta: Por supuesto que no tiene ningún sentido pero si va a suceder sucederá. Recordemos que vivimos en un holograma que es similar a un sueño. Imaginemos un sueño en el cual aparece la imagen del soñador y la de su padre. El padre le dice lo que se acaba de señalar, ¿qué importancia pueden tener dichos consejos? ninguna. Lo mismo pasa en nuestra aparente "vida real", no tiene ningún sentido.

Comentario de la persona que hizo la pregunta: Esa respuesta quiere decir que si hay una tercera guerra mundial y se hacen estallar bombas nucleares que contaminen con radiación todo el planeta y ello provoque la desaparición de la vida sobre la tierra ¿eso no tiene la menor importancia?

Respuesta: Por supuesto que no. Para los seres humanos y los animales que sufran las consecuencias de esa catástrofe si tendrá importancia y traerá mucho sufrimiento físico, de igual forma que tiene importancia para un personaje de un sueño ser atacado por un león en dicho sueño pero en realidad, para el soñador, no tiene importancia cuando despierta. Para la Conciencia Cósmica o Energía Inteligente, suceda lo que suceda en el planeta tierra no importa sean cosas buenas o malas.

Comentario de otra persona: Para mi esta respuesta es muy pesimista.

Respuesta al comentario: Dentro del holograma en el que vivimos parece ser pesimista sin embargo recordemos que en realidad somos la Conciencia Cósmica la cual siempre ha existido y existirá suceda lo que suceda. ¿Qué es lo que desaparece con una guerra mundial? En realidad nada, es simplemente una transformación de las estructuras temporales que están formadas por átomos los cuales no son otra cosa que la Energía Inteligente que siempre ha existido y seguirá existiendo. Recordemos la Primera Ley de la Termodinámica, *"La energía no se crea ni se destruye, solamente se transforma"*. Por otro lado, desde el punto de vista del Ego de los seres humanos, esa guerra mundial si tiene consecuencias muy negativas y dolorosas.

Pregunta: ¿Si enfocamos nuestra atención en algo, de manera constante, puede desaparecer el Ego? Esta pregunta se basa en la práctica de ver la flama de una vela durante cierto tiempo y que es recomendada por algunos de los llamados Gurús de la India.

Respuesta: Es posible, siempre y cuando esa atención o más bien observación, se lleve a cabo sin esfuerzo por parte del Ego o sea de forma pasiva y no activa. Por ejemplo, observar las estrellas en una noche clara estando solo, sentado o recostado sin pensar "yo estoy observando las estrellas". Lo mismo puede suceder sentado en un bosque o a la orilla del mar o viendo un amanecer, etc.

Pregunta: En las personas en las cuales desaparece el Ego ¿se pierde el sentido y los objetivos de su vida que tenían antes de esa desaparición?

Respuesta: En general siguen viviendo como lo habían hecho cuando las neuronas de su cerebro generaban el Ego, pero ahora su vida es más simple y aceptan todo como va sucediendo sea bueno, regular o malo. Saben, de manera intuitiva no conceptual, que todo es parte de una proyección virtual, pase lo que pase.

Pregunta: ¿Tiene algún sentido u objetivo que en el holograma en el que vivimos aparezcan personas liberadas de su Ego que ofrecen pláticas y escriben libros sobre No Dualidad?

Respuesta: Si y No.

Si es importante desde el punto de vista de las aparentes personas que sienten una necesidad de conocer su verdadera realidad y con ello vivir de una manera más equilibrada y sin miedo a la muerte.

No es importante si se considera que todo es simplemente una proyección virtual y suceda lo que suceda no tiene la menor trascendencia.

Lo anterior es similar a que en un sueño humano aparezca un maestro espiritual o gurú que les indique a otros personajes, del mismo sueño, que son simplemente proyecciones de las neuronas del cerebro del soñador y que por lo tanto no existen realmente. ¿Qué importancia puede tener ese señalamiento?

Pregunta: ¿Nuestra vida tiene algún sentido?

Respuesta: Si y No.

Si tiene sentido para el Ego de la persona, ser rico, consumir todo tipo de bienes y servicios, tener poder de preferencia político, ser aceptado por las personas que lo rodean, ser admirado por los demás, etc.

No tiene sentido para la Energía Inteligente que proyecta a las personas, ya que simplemente somos partes del holograma universal en el cual suceden eventos sin ningún objetivo específico.

Pregunta: ¿Podría explicar más ampliamente lo que se entiende por conciencia impersonal no conceptual?

Respuesta: La conciencia impersonal no conceptual se puede explicar con los siguientes ejemplos:

1.- Cuando se observa volando un avión en el día, el Ego del observador se centra en dicho avión pero de manera no conceptual también se ve el cielo azul, algunas nubes, el ruido de automóviles transitando cerca del lugar, etc., todo eso sin ser conceptualizado.

2.- En una plática sobre el tema que sea, el Ego de las personas se concentra en las palabras del expositor pero su conciencia impersonal no conceptual también percibe el tipo de iluminación que se tenga en ese sitio, la temperatura ambiente, el ruido que hacen otras personas, etc. Este tipo de percepción es la que todos tuvimos cuando fuimos bebés menores de 20 meses hasta que las neuronas del cerebro generaron el concepto de "Yo", sin embargo seguimos teniendo esa percepción pero es opacada por Ego. La conciencia impersonal, no conceptual no requiere de ningún tipo de esfuerzo por parte del individuo.

3.- Un ejemplo muy útil es el siguiente: si un perro ladra, la percepción primaria es simplemente el ruido de los ladridos los cuales son percibidos por los oídos y éstos a su vez envían dichas señales al cerebro de la persona, las cuales son captadas de forma impersonal no conceptual. Al transcurrir medio segundo, en promedio, las neuronas del cerebro generan el concepto de "Yo" el cual las interpreta como "esos son los ladridos de un perro". En otras palabras, la conciencia básica es como un espejo en el cual aparecen imágenes sin ser conceptualizadas hasta que el mismo espejo genera la imagen de "yo soy un espejo" y este "Yo" conceptualiza tales imágenes como "mesa" "silla", "gato", "mamá", "papá", etc.

Pregunta: La conciencia impersonal no conceptual no requiere de ningún esfuerzo por parte de la persona, ¿estoy en lo cierto?

Respuesta: Es correcto ya que siempre está presente y es el fondo donde todo aparece y es conceptualizado por el Ego. Gracias a esa conciencia es que reaccionamos inmediatamente a cualquier situación de manera inmediata por ejemplo, cuando vamos conduciendo un automóvil y de pronto se atraviesa una persona frente a él, inmediatamente frenamos de manera automática para no atropellarla. Un instante después, el cerebro genera el concepto de "Yo" y éste dice "qué bueno que frené a tiempo y no atropellé a esa persona". Este "Yo" asume que él tomó la decisión de frenar lo cual no es verdad, fue una acción inmediata de la conciencia impersonal no conceptual. En otras palabras, son las llamadas acciones instintivas las cuales son tan rápidas que no le dan tiempo a las neuronas del cerebro de formar el concepto de "Yo".

Pregunta: ¿La Conciencia Cósmica y la conciencia impersonal no conceptual son lo mismo?

Respuesta: Para responder a esa pregunta volvamos al ejemplo del sueño humano en el cual aparece el soñador como uno de los personajes de dicho sueño. Este personaje tiene conciencia de él mismo, aparentemente, y actúa de acuerdo a esa conciencia personal pero en realidad todo es generado por las neuronas del cerebro del soñador. Con este ejemplo se puede ver que la conciencia del personaje soñado es la misma que la del soñador pero al nivel del sueño. Lo mismo sucede en el estado de vigilia o aparente realidad, nuestra conciencia impersonal no conceptual tiene su origen en la Conciencia Cósmica o Energía Inteligente la cual se contrae y forma el concepto de "Yo" o Ego de las personas.

Pregunta: De acuerdo con esa respuesta, cuando morimos lo único que se transforma es la estructura del cuerpo pero nuestra conciencia sigue existiendo, ¿estoy en lo correcto?

Respuesta: Cuando estamos soñándonos a nosotros mismos y despertamos ¿muere el personaje soñado? Como personaje de dicho sueño si desaparece pero la conciencia que lo proyectaba sigue existiendo. Lo mismo sucede en nuestra aparente vida, al "morir", la energía de la conciencia personal se expande y regresa a lo que siempre ha sido y será o sea la Conciencia Cósmica pero ya sin el sentido de "Yo".

Como nota curiosa a este respecto, es interesante señalar que algunas personas que han pasado por la llamada "experiencia cercana a la muerte" cuentan que lo primero que experimentan es una expansión de la energía de su cuerpo fuera de él, a tal grado que lo pueden ver donde se encuentre ya sea una cama, la mesa de operaciones, un automóvil accidentado, etc., sin embargo todavía conservan el concepto de "Yo" ya que identifican a dicho cuerpo como el suyo. Lo anterior significa que las neuronas de su cerebro siguen funcionando y por ello proyectan al Ego. Estas personas también señalan que cuando son atendidas adecuadamente la energía se contrae de nuevo al cuerpo y regresan a su percepción normal de todo lo que les rodea.

Algo similar reportan las personas que se liberan de su Ego, ya sea contemplando las estrellas, viendo un amanecer, caminando en un bosque, etc., sienten una expansión de la energía del cuerpo, en primera instancia y cuando el Ego desaparece todo lo que observan es ellas mismas, y lo más sorprendente, todo existe y no existe al mismo tiempo.

Pregunta: Entender, conceptualmente, lo que en realidad es la Conciencia Cósmica es imposible, ¿estoy en lo cierto?

Respuesta: Está usted en lo correcto. Comprender lo que es la Conciencia Cósmica mediante conceptos no es posible, es similar a tratar de explicarle a alguna persona que nunca ha probado una manzana el sabor de dicha fruta pero una vez que la prueba ya no hay nada que explicar. Lo mismo sucede con la conciencia impersonal no conceptual, una vez que desaparece el Ego, ya sea de forma temporal o definitiva, ya no hay nada que preguntar o comprender.

Pregunta: ¿En las personas liberadas de su Ego sus acciones son diferentes a las que todavía lo tienen?

Respuesta: La percepción es la misma la única diferencia es que ya no existe un punto de referencia que lleva a cabo tal percepción. Por ejemplo: si hace frío, la acción impersonal es ponerse un abrigo, si se tiene hambre, se busca comida, si se tiene sed se toma agua, etc. Todo es automático.

Pregunta: Cada día hay más personas liberadas de su Ego en el mundo lo cual significa que con el tiempo en la gran mayoría de los habitantes del planeta su cerebro ya no generará el concepto de "Yo", ¿eso quiere decir que todas las personas liberadas vivirán en cuevas?

Respuesta: Por supuesto que no, en toda la tierra no se tienen tantas cuevas para dichas personas. El único cambio será que se vivirá de una forma más simple, llevando a cabo las actividades cotidianas de manera normal y aceptando la vida tal como es. Una de las grandes diferencias será que el miedo a la muerte desaparecerá debido a que se comprenderá que dicho proceso es simplemente una transformación de la materia y la energía que todo somos y hemos sido siempre. Otros cambios serán los siguientes:

a).- Bajaran los índices de delincuencia y corrupción.

b).- Es posible que ya no exista la posibilidad de una guerra nuclear.

c).- Lo más probable es que desaparezcan todas las religiones en la gran mayoría de los países lo que afectará negativamente a los sacerdotes, maestros espirituales, gurús, etc.

Pregunta: Conciencia Cósmica o Energía Inteligente son simplemente conceptos, ¿estoy en lo cierto?

Respuesta: Por supuesto, la única manera en que podemos entender cualquier cosa es mediante conceptos. Lo que es de esperarse con dichos conceptos es una especie de resonancia, en nuestra conciencia impersonal no conceptual y de esa forma que la energía de nuestro Ego se reduzca e inclusive desaparezca, lo cual sucede muy a menudo durante las pláticas sobre No Dualidad.

Pregunta: ¿Podría explicarse, de una forma sencilla, lo que es la Conciencia Cósmica porque para mí es difícil de comprenderlo?

Respuesta: Un ejemplo muy simple que se ofrece en casi todas las pláticas sobre No Dualidad es la siguiente: Imaginemos que el océano es consciente de sí mismo y que cuando surgen las olas esa conciencia se contrae en cada ola y genera el concepto de "yo soy una ola independiente" pero de manera intuitiva sabe que en realidad es el océano mismo. Lo mismo sucede con los seres humanos cuando surge el Ego, se sienten separados de su verdadera identidad que es la Conciencia Universal.

Pregunta: ¿De dónde surge la Conciencia Cósmica?

Respuesta: De ninguna parte, ella ha existido y existirá siempre. Los seres humanos consideramos que todo tiene un principio, dura un tiempo determinado y finalmente desaparece. Recordemos que todo lo que existe en este universo es básicamente energía la cual no se crea ni se destruye simplemente se transforma de una forma a otra.

Pregunta: ¿Esa respuesta significa que antes de la gran explosión, en la cual se originó el universo, la energía que formó las partículas subatómicas que a su vez son la base de todos los átomos de dicho universo ya existía?

Respuesta: Así es, la energía básica de todas las partículas subatómicas siempre ha existido y existirá, inclusive cuando el universo desaparezca, como es señalado por los astrofísicos, dicha energía seguirá existiendo. Por otra parte, recordemos que según el profesor Stephen Hawking y otros astrofísicos de alto nivel, no existe solo este universo sino que hay miles de millones y en ese conjunto unos universos surgen y otros desaparecen constantemente pero dicho conjunto ha existido siempre y lo seguirá haciendo.

Pregunta: ¿Todos esos miles de millones de universos son también hologramas?

Respuesta: Así es, son proyecciones virtuales de la Conciencia Cósmica o Energía Inteligente.

Pregunta: Cuando se dice que nuestra "alma" es inmortal ello se refiere al Ego o concepto de "Yo", ¿estoy en lo cierto?

Respuesta: Así es ya que se piensa que el Ego de las personas seguirá viviendo en otra parte de acuerdo a sus acciones, buenas o malas, durante su vida. Ésta es la base de la mayoría de las religiones del planeta.

Pregunta: ¿Tiene alguna forma o estructura la Conciencia Cósmica o Energía Inteligente?

Respuesta: Si y No.

Si tiene la forma de todo lo existente en éste y en millones de otros universos.

No, ya que es también el vacío en el aparecen todos ellos. En la filosofía llamada Advaita Vedanta, se tiene una expresión muy importante que dice: "EL VACÍO ES LA FORMA Y LA FORMA ES EL VACÍO".

Pregunta: ¿Existe el destino de las personas?

Respuesta: Depende desde qué punto de vista se responda la pregunta.

Si existe un destino considerando la aparente historia de la persona desde que nace, crece, se educa, trabaja, se casa, tiene hijos, etc.

No existe ningún destino si todo es un holograma en el cual surgen eventos sin ninguna importancia los cuales suceden de manera instantánea y no tienen ni pasado ni futuro, al igual que en nuestros sueños.

Pregunta de la misma persona: ¿Esa respuesta quiere decir que no somos responsables de nuestras acciones hagamos lo que hagamos?

Respuesta: Así es, dado que no tenemos libre albedrío todas nuestras acciones están programadas por nuestros genes así como por las condiciones y estímulos que recibimos en nuestra aparente vida.

Comentario de la misma persona: Lo anterior significa que no hay porque encarcelar a los delincuentes ya que sus acciones no son de su propia voluntad.

Respuesta: Si deben de ser puestos en prisión para que no sigan afectando a otras personas.

Pregunta: He leído varios libros sobre No Dualidad y en ellos es señalado que el tiempo no existe en realidad, ¿podría comentar algo sobre el tiempo?

Respuesta: La respuesta es que el tiempo existe y no existe desde el punto de vista que se vea.

El tiempo si existe para el Ego ya que éste tiene una historia desde que las neuronas del bebé, mayor de 20 meses, generaron dicho concepto y el cuerpo se desarrolló, fue a la escuela, se graduó, obtuvo un empleo, etc.

El tiempo no existe cuando desaparece el Ego ya que todo lo que sucede pasa en el momento presente. Si se piensa en el pasado, ese pensamiento surge en el presente, lo mismo que si se piensa en el futuro. Mientras exista el Ego esto es imposible de comprender.

Pregunta: Cuando se dice que la energía que forma todo el universo es auto consciente, ¿eso es un concepto?

Respuesta: Es correcto ya que la única forma de entender algo es mediante conceptos mientras exista el Ego en las personas.

Se entiende por autoconsciente que se "observa" a si misma y con ello colapsa la función de onda de todas las partículas subatómicas que forman los átomos de todo el universo. Decir que se "observa" a si misma es un concepto ya que la Energía Inteligente o Conciencia Cósmica no tiene ojos. Lo anterior es similar a que en un sueño aparezca el personaje del soñador y observe una mesa pero en realidad no la está viendo con los ojos del soñador ya que éstos están cerrados, lo que percibe la mesa son las neuronas del cerebro de la persona que está soñando y ellas conceptualizan lo que las mismas neuronas proyectan como "mesa".

Pregunta: ¿Las ondas cuánticas que colapsó la Conciencia Cósmica cuando surgió este universo ya existían antes de que esto sucediera?

Respuesta: Por supuesto, estas ondas son simplemente la energía cuántica que siempre ha existido y existirá y es por eso que algunos conferencistas de No Dualidad no emplean el término "Conciencia Cósmica" prefieren emplear el concepto de "Energía Inteligente" que es consciente de si misma.

Pregunta: ¿Qué importancia tiene en nuestra vida, como seres humanos, saber que en realidad somos proyecciones virtuales dentro del holograma que proyecta la Conciencia Cósmica?

Respuesta: Esta pregunta se puede responder con otra. ¿Qué importancia tiene para un personaje de nuestros sueños saber que es simplemente una proyección del cerebro del soñador? Lo anterior tiene tres respuestas:

a).- El personaje soñado se desilusionará y probablemente perdería interés en su aparente vida.

b).- En la parte positiva, su miedo a la muerte desaparecería ya que siendo una proyección virtual así como apareció desaparecerá.

c).- Aceptaría todo lo que sucede en el sueño sin ningún problema ya que sabría que no tiene ninguna importancia.

Finalmente es necesario aclarar que estas tres opciones las generaría el cerebro del soñador en el personaje soñado. Lo mismo sucede en nuestra aparente vida, todo es proyectado por la Conciencia Cósmica y en esa proyección aparece una persona que pregunta, ¿Qué importancia tiene en nuestra vida, como seres humanos, saber que en realidad somos proyecciones virtuales dentro del holograma que proyecta la Conciencia Cósmica?

Sugerencia adicional del expositor: Les aconsejo que siempre que tengan alguna pregunta sobre cualquier tema o suceso de sus vidas piensen que son personajes en un sueño y comprobarán que, en la mayoría de los casos, la respuesta surgirá automáticamente como, "eso es lo que debe suceder y no tiene la menor importancia ya que lo está proyectando la Conciencia Cósmica o Energía Inteligente".

Pregunta: Esa sugerencia significa que si en este momento entran a esta sala de conferencias unos delincuentes armados y nos asaltan a todos, ¿eso está bien y no tiene importancia?

Respuesta: No está bien ni está mal es simplemente lo que sucede en el holograma del cual formamos parte.

Pregunta: ¿Cómo se puede explicar que hace cientos o miles de años algunas personas descubrieran que todo su entorno, incluyéndolos a ellos mismos, era algo irreal, como en el Brahmanismo, lo cual se está confirmado actualmente por la ciencia como una proyección virtual u holograma?

Respuesta: Esas personas a las que usted se refiere lo descubrieron al perder su Ego, temporalmente y con ello comprendieron que todo, incluyéndolos a ellos mismos existían y no existían al mismo tiempo. La conceptualización de lo anterior se hizo al regresar el Ego de dichas personas ya que cuando el concepto de "Yo" no existe nada se puede comprender debido a que no hay quién lo comprenda.

Dado que en esas épocas no se tenían los conocimientos científicos actuales que explicaran lo sucedido, las personas lo interpretaban como algo sobrenatural y místico. De esa manera surgieron varias religiones y filosofías como la No Dualidad. Si ahora cambiamos el concepto místico o sobrenatural por Energía Autoconsciente, todo queda aclarado de una forma más simple y fácil de entender. Le puedo asegurar que en muy pocos años comprender nuestra esencia básica será enseñado en las escuelas.

Pregunta: ¿Por qué es tan difícil liberarse del Ego?

Respuesta: No es nada difícil, es algo que sucede en todas las personas cuando se encuentran llevando a cabo actividades cotidianas como conducir un automóvil, caminar solo en un bosque, estar jugando con su computadora (esto sobre todo en los niños), etc. Si en cualquiera de esas actividades se le pregunta a la persona "rápido, ¿cuál es tu nombre?", le puedo asegurar que le tomará algunos instantes responder a dicha pregunta, sobre todo en los niños, debido a que las neuronas del cerebro requieren un corto tiempo para generar el concepto de "Yo" o Ego.

La desaparición del Ego no es algo fantástico que solamente sucede a las personas que han meditado durante muchos años, son vegetarianos, practican Yoga, etc., inclusive se tienen ejemplos de personas que viviendo en los Estados Unidos de América, en países de Europa o en Australia, han viajado hasta la India para que gracias a la ayuda de un "maestro espiritual" se liberen de su Ego y esperan que dicha liberación sea algo fantástico lo cual no es verdad, la desaparición del concepto de "Yo" es muy simple y le puede suceder a cualquier persona y en cualquier sitio sin tener que viajar a la India o al Tíbet.

Pregunta: Cuando se dice que todo surge de la Conciencia Cósmica eso es dualismo ya que dicha conciencia debe ser consciente del universo que está proyectando, es decir, el sujeto que es la Conciencia Cósmica y objeto o sea el universo proyectado. ¿Qué puede comentar al respecto?

Respuesta: Esa pregunta se puede responder con otra. ¿Cuándo usted era un bebé menor de 20 meses sin concepto de "Yo" observaba todo lo que le rodeaba como sujeto y objeto?

Respuesta de la persona que hizo la pregunta: La verdad no recuerdo.

Comentario del expositor: La conciencia que usted tenía a esa edad era completamente impersonal (sin Ego) y no conceptual ya que no había aprendido ningún tipo de conceptos por ello todo lo percibía de manera integral siendo usted y lo que le rodeaba una misma cosa sin separación. A eso se refiere el concepto de Conciencia Cósmica, que percibe pero al mismo tiempo es lo percibido. Recuerde el ejemplo de las olas del mar, son olas separadas pero al mismo tiempo son el océano.

Pregunta: ¿Podemos decir que la humanidad, en su conjunto, está evolucionando respecto a su verdadera realidad?

Respuesta: Si y No.

Si, dado que hay cada día más personas, en todo el mundo, en las cuales desaparece el Ego y por lo tanto perciben su entorno de manera no dualista.

No, desde el punto de vista de la Conciencia Cósmica o Energía Inteligente ya que ella no requiere evolucionar a lo que siempre ha sido y será o sea la base de todo lo existente en éste y en miles de millones de otros universos.

Pregunta: Yo estudio para ser Psicólogo y en esa carrera se asume que los problemas mentales de las personas los pueden resolver ellos mismos debido a que tienen libre albedrío. Según la No Dualidad no hay libre albedrío. Mi pregunta es: ¿A medida que las personas pierden su Ego los psicólogos tendremos menos pacientes?

Respuesta: Así es, ya que los problemas psicológicos de las personas los genera el Ego, una vez que las neuronas del cerebro dejan de formarlo dichos problemas desaparecen y todo es aceptado, de manera impersonal, tal y como sucede.

Por otra parte, la Psicología puede evolucionar y tomar conceptos de la No Dualidad para ser más útil a las personas con problemas psicológicos.

Pregunta: Leí en un libro sobre No Dualidad que lo único que podemos hacer los seres humanos es "Vivir en el aquí y en el ahora". ¿Es eso correcto?

Respuesta: Es completamente erróneo ya que ¿quién va a vivir en el aquí y en el ahora? Lo más lógico es que sea el Ego de la persona lo que automáticamente refuerza dicho concepto.

Pregunta: ¿Si no tenemos libre albedrío porqué se recomienda en casi todas las religiones que si somos buenas personas en nuestras vidas seremos premiados cuando dejemos de existir o castigados si hicimos lo contrario?

Respuesta: Esa es una excelente pregunta y demuestra una contradicción muy importante en casi todas las religiones del planeta, dicha contradicción es la siguiente.

Si todo lo que sucede en el universo es la voluntad del dios de que se trate ¿cómo es posible que algunas personas sean delincuentes mientras que otras son personas bondadosas y honestas y por lo tanto unas serán castigadas y otras premiadas? Recordemos que todas nuestras acciones dependen de la información genética que tenemos y de las condiciones y estímulos que recibimos a lo largo de nuestras vidas.

Comentario de la misma persona que formuló la pregunta: En la mayoría de las religiones se dice que dios nos otorgó libre albedrío y por ello somos responsables de lo que hagamos durante nuestras vidas.

Respuesta al comentario: Esa es otra contradicción ya que si dios es omnipotente y por lo tanto conoce el pasado, el presente y el futuro, al otorgarle libre albedrío a las personas sabe, de antemano, como van a actuar en su vida y por lo tanto castigar a los que actúan mal sería muy cruel por parte del dios de que se esté hablando.

Pregunta: Desde el punto de vista de la No Dualidad ¿tiene alguna importancia el avance científico y tecnológico de la humanidad?

Respuesta: Si y no.

Si, ya que con ese avance se tienen mejores condiciones de vida, automóviles más veloces y seguros, mayor producción de alimentos, medicamentos más efectivos para curar las enfermedades, etc.

No, si se considera que ahora se tienen armas más poderosas e inclusive bombas nucleares que pueden acabar con toda la vida sobre el planeta si se produce una guerra mundial.

Por otro lado, siendo el universo una proyección virtual, suceda lo que suceda no tiene la menor importancia. Es como si usted en uno de sus sueños se saca la lotería ¿tiene eso alguna importancia? Por supuesto que no.

Pregunta: ¿Qué es la mente?

Respuesta: Es una serie de pensamientos generados por las neuronas del cerebro por ejemplo, imaginemos un árbol, ahora una flor, una abeja, una mariposa, etc., ¿qué fue lo que sucedió en el cerebro? Las neuronas generaron dichas imágenes y el concepto de "Yo", que también es generado por las neuronas, interpretó tales proyecciones neuronales. Todo este proceso se denomina "mente". Aclaración, algunas personas llaman "mente" al Ego.

Referencias bibliográficas

1.- Hartong Leo 2001. Despertar a la verdad. Editorial Sirio, S.A. España.

2.- Evatt Cris 2010. The Myth of Free Will. Cafe Essays. Estados Unidos de América.

3.- Harris Sam. 2012. Free Will. Free Press. Estados Unidos de América.

4.- Ortega George. 2013. Exploring the Illusion of Free Will. Independent Publishing Platform, Estados Unidos de América.

5.- Vale Enel 2013. Free Will: The Ultimate Nonsense. Xlibris Corporation Estados Unidos de América.

6.- Balsekar Ramesh. 1989. El Buscador es lo Buscado, Editora y distribuidora Yug, S.A. México.

7.- Hawking Stephen and Mlodinow Leonard 2010. The Grand Design, Bantam Books Estados Unidos de América.

8.- Talbot Michael 1988. Más allá de la Teoría Cuántica, Editorial Gedisa, España.

9.- McEvoy J.P. y Oscar Zárate 2003. Teoría Cuántica para principiantes. Editorial Era Naciente, Argentina.

10.- Herbert Nick 1985. Quantum Reality, beyond the new physics. Anchor Books, Estados Unidos de América.

11.- Davis Paul and Gribbin John 1996. Los Mitos de la Materia. McGrow Hill, México.

12.- Goswami Amit 1985. The Self Aware Universe. Editorial Tarcher, Estados Unidos de América.

13.- Talbot Michael 2011. The Holographic Universe: The Revolutionary Theory of Reality. Harper Perenial, Estados Unidos de América.

14.- Rosenblum Bruce 2011. Quantum Energy: Physics Encounters Consciousness. Oxford University Press, Estados Unidos de América.

15.- Radin Dean 2009. The Conscious Universe: The Scientific Truth of Phenomena. Harper One, Estados Unidos de América.

16.- Harris Sam 2004. The End of Faith. W.W. Norton Company Inc., Estados Unidos de América.

Ciencia Cósmica Inmortal
quedó totalmente impreso y
encuadernado en noviembre de 2014.
La labor se realizó en los talleres de
Aqua Ediciones, S.A de C.V.